中国轻工业"十三五"规划立项教材

皮革艺术
设计与制作

王 淼 祁子芮 马 彧 编著

中国轻工业出版社

图书在版编目（CIP）数据

皮革艺术设计与制作 / 王淼，祁子芮，马彧编著. —北京：中国轻工业出版社，2024.8

ISBN 978-7-5184-2498-6

Ⅰ. ①皮… Ⅱ. ①王… ②祁… ③马… Ⅲ. ①皮革制品 – 产品设计 ②皮革制品 – 手工艺品 – 制作 Ⅳ. ①TS56 ②TS973.5

中国版本图书馆CIP数据核字（2019）第111621号

责任编辑：李建华　杜宇芳　　责任终审：滕炎福　　整体设计：锋尚设计
策划编辑：李建华　　　　　　责任校对：吴大鹏　　责任监印：张　可

出版发行：中国轻工业出版社（北京鲁谷东街5号，邮编：100040）

印　　刷：艺堂印刷（天津）有限公司

经　　销：各地新华书店

版　　次：2024年8月第1版第2次印刷

开　　本：787×1092　1/16　印张：11

字　　数：246千字

书　　号：ISBN 978-7-5184-2498-6　定价：70.00元

邮购电话：010-85119873

发行电话：010-85119832　010-85119912

网　　址：http://www.chlip.com.cn

Email：club@chlip.com.cn

　　人类对天然皮革的加工和利用要早于发明纺织品。远古人类将打猎获得的动物用尖状石器剥取兽皮后，将其披在身体上御寒和用来保护脆弱的头、脚部位，并打造成帐篷、船只等各种生活必需品。但生皮主要是由不稳定的蛋白质构成的，易腐败，变干变硬，影响使用的舒适性，使得生皮不能持久留存。人类在与大自然的博弈中，发现生皮经过植物汁液的浸泡，可以产生奇妙的转化：皮板质地变得柔软、抗撕裂、耐曲折、透气，而且具备了防腐性，可以持久保持。这就是人类最早发明的皮革加工技术——用植物单宁作为鞣剂的植鞣工艺，从这时起生"皮"才真正具备了我们现在熟悉的皮"革"的性能。这项伟大的发明不仅为人类提供了一种性能优异的服用材料，也因此创造出一门具有独特魅力的艺术形式——手工皮革艺术。

　　因为最早的植鞣革质地比较僵硬，皮面外观比较单调，因此手工皮艺可以说是对皮革进行装饰美化、创意改造或加工成各种制品的唯一手段。雕刻纹样、染色、编织、缝合、立体塑形等技法经过一代代皮革艺人的传承和创新，从古代的土耳其、波斯，传播到欧洲大陆，再加上美洲印第安、美国西部牛仔、日本等世界各个民族的文化融合及对于技艺的发展演绎，最终才形成了现代手工皮革技艺的艺术特征和完整的技艺模式。手工皮革艺术是人类最古老的改造天然物料的手工技艺之一，蕴含了人类艺术和技术的智慧结晶，因此皮革是人类最早的文化产物。

　　当代皮革产业早已采用了工业化的加工制造技术，流水线上的机器设备替代了人的双手。但手工皮革艺术是现代皮革工业化技术产生的源头。比如我们可以对照以下几组手工艺技法和工业化加工技术：

手工印花——铜版压花

手工缝合——机器缝纫

手工编织——机器编织

手工塑形——模具压制

手工染色——滚筒染色

手工雕刻——激光雕刻

手工捏褶——机器打褶

手工刺绣——电脑绣花

手工绗缝——机器绗缝

现代工业技术最初所追求的加工效果无疑是从模拟传统手工技法开始的。大自然的精妙构造和人类的手工技艺，是现代机器和技术发明的创意源泉。

在制造业技术日新月异、新科技材料、智能技术不断融入传统皮革行业的当代，古老的手工皮革艺术不仅没有消亡衰败，反而仍散落在世界各地默默地繁衍生息，不断发展，并拥有稳定的皮艺爱好者群体。20世纪90年代，美国西部和日本两大体系的皮革手工艺从中国台湾传入到中国内地，经过近30年的以个体、小工坊为主要业态的发展阶段，中国手工皮革技艺慢慢成熟壮大起来了。国内现在聚集了大量的皮艺从业者，形成了一个分布零散、但创造了隐形的巨大经济效益的产业链。中国的从业人员和手工皮艺工作室近些年呈现增加态势，且新旧快速迭代。新皮革艺人在年龄、学历、专业背景、综合素质、艺术修养以及创新意识和设计能力等方面，都有了巨大提升。尤其是有艺术设计专业背景的设计师加入手工皮革工艺行业，转变了过去一成不变的、陈旧古老的皮艺形式和表现内容，注入了时代的风尚内涵和现代设计意识，使之一改面貌，焕发了新的生命力。手工皮艺的艺术表现形式也由最初的皮雕装饰画、手工皮具皮件、装饰工艺品、家居用品等发展得五彩纷呈起来，并且与更多其他领域的技术和材质有了大胆的结合，产品形式跨界到当代装置艺术作品、电子产品、运动产品、时尚服饰、小众品牌、身体装饰品等过去极少涉足的社会主流生活和时尚领域中。

王淼老师的这本专著，是对她本人从事皮革艺术创作和教学工作九年以来的一次阶段性的总结。第一章和第二章是本书的重要章节，内容最为丰富，对手工皮革艺术的历史沿革、艺术形式特色以及基本工具、经典技法进行了详细和系统性的叙述，使读者能够从学术和技术层面对手工皮革艺术有一个清晰完整的了解，也可成为自学的辅助教材。第三章则是对综合性皮艺作品的创作思想和技法运用进行展示和分析，简单的技法如何通过有意义的创作主题以及技法的组合运用，来获得独特的艺术形式。这些作品是从各个领域中挑选出来的优秀作品，对于读者来说，都是很难得的创作借鉴和学习的资料。

与教科书式的手工皮艺技法的书籍不同之处，是本书的编写脉络始终贯穿着王淼老师的实践经验和创作思考，以创新的创作理念和开放的态度来讲授传统技艺。在技法的编写中，采用的案例多为王淼老师自己的创作作品、所授课程中学生的优秀作品，以及当前行业中优秀的皮艺艺术家、皮艺品牌的产品。每个案例都是尽心挑选，具有创新性和代表性，是设计和技术的完美融合。读者阅读此书后，应该可以深刻感受到手工皮革技艺独特的艺术魅力和创意的无限可能性，并由此激发起创作热情。

北京服装学院服饰艺术与工程学院副院长

李雪梅

2019 年 4 月

纵观全书，我们讨论的大部分是与皮革材料创作技法有关的话题，也对包括雕刻、染色、塑造等制作工艺与手段层面的内容进行了介绍，但皮革艺术之所以为一门艺术门类而不仅仅是流于技术技法层面的工艺手段，主要在于历代的皮革艺术创作者们对于皮革材料在精神层面上的追求。从远古时代的浅浮雕与衣饰到近现代的写实皮雕与产品设计，再到现代的观念艺术作品，皮革材料在人类几千年的历史发展长河中，早已脱离了最早满足简单功能性使用范畴，而成为在社会意识形态层面影响着人们审美观和审美体验的精神符号。或许皮革艺术在艺术门类当中只能算作小小的一隅，但即便是这管窥一般的冰山一角，也能体现出艺术对人们生活影响的特性，这就是皮革艺术之所以能称之为艺术的原因所在。所以，在本书的编写过程中，我们的侧重点并不仅仅限于对皮革艺术技法、制作工艺的介绍与细述，而是将关于皮革艺术各形式的创作思维贯穿其中，并将其分为设计和纯艺术两个部分，分别进行创作观念、表达途径和创作目的的解读。在充分解构皮革艺术工艺手段的基础之上，进一步对各个作品在观念层面进行探讨和剖析，这样既凸显技法作为创作手段的必要性，也强调在创作思维引导下的观念才是创作的根本目的。

在当今时代下，皮革材料更是作为一种表达的媒介和材质，应用于各个领域，更可以说是与不同人的思想碰撞，与不同行业的诉求结合，从而形成一种"有意味的形式"。我们按照皮革艺术创作中的多种表现形式和创新思维展开，从传统和现代技艺的纵向变化角度体现皮革艺术领域自身发展的多元化与深度，从现代国内外各个领域的创作思维做横向比较，皮革艺术也已开始跨界，作为一种材质进入到各个领域中。因此，本书将包括皮雕、圆雕、高浮雕和皮革艺术的跨领域创作在内的四个当今皮革艺术领域内最具代表性的表现形式都列为单独的一节，试图从多元化的、宽视野的角度详尽解构皮革艺术体系。

本教材主要针对箱包专业、鞋品专业、配饰专业的教学特点，对皮革艺术的基本工艺知识做了归纳与总结，同时又对皮革材料进行多思维、多领域、多视角的探索，从不同的皮革艺术表现形式入手，对完整设计制作思路（思维发散、调研、实验、草图、工艺实验、成品制作等）、思维步骤进行了详尽解读并完整展现。同时，关注学科在当今视野下发展的广度与深度。教材整体根据时下教学所需的课程设置和真实案例进行编写，所有的技法介绍、观念剖析和案例分析都与课程实践相结合，在学习、教学过程中可以根据不同学生对不同章节内容掌握程度的差异进行灵活的调整与推进。

整个教材的编写基于北京服装学院服饰艺术与工程学院箱包鞋品专业中真实的案例及

我多年积累的皮革艺术经验和资料，教材的编写注重加强学生理论结合实际的能力、创新能力和实际解决问题的能力，能够将传统工艺结合设计思维进行应用与创新，能够反思审辩自己的作品。本书将经典案例与优秀学生作品案例并列编排，并不突出体现经典作品案例的权威性与成熟性，而是将其与学生作品以相同的手法进行剖析，使学生能够吸取经典作品的精华，同时鼓励学生的自我创作，将经典作品作为提点学生创作的养料而非限制学生创作的范本进行呈现，培养学生发现问题、解决问题的能力。在本书的编写中也运用了大量在课程中指导的优秀学生作品范例及作者自己的"皮克工作室"的作品范例，具有很强的原创性，使相关专业的学生能够直接从中吸取创作灵感及得到有价值的经验。

王淼

2019 年 4 月

课时安排：188课时

章节	课程内容	课时
第一章 皮革艺术设计概述	第一节　皮革艺术概述	2课时
	第二节　皮革艺术中常用皮革的种类和特性	2课时
	第三节　皮革艺术常见技艺	3课时
	第四节　皮革艺术常用工具和化工材料	1课时
第二章 皮革艺术设计与训练	第一节　皮雕形式的手工皮艺	32课时
	第二节　皮革艺术的设计与制作——高浮雕形式	36课时
	第三节　皮革艺术的设计与制作——圆雕形式	36课时
	第四节　皮革艺术的跨领域设计与制作	72课时
第三章 皮革艺术设计赏析	第一节　经典的皮革艺术风格	4课时
	第二节　皮艺作品艺术风格赏析	
	第三节　皮革的多领域拓展探索	
	第四节　优秀学生作品点评	

目 录

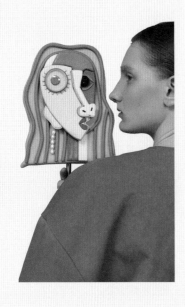

第三章

皮革艺术
设计赏析

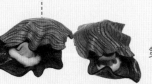

第一章

皮革艺术设计概述

皮革艺术作为艺术的组成门类之一，拥有悠久的发展历史，而其制作工艺发展至今也使得对于皮革材料的开发和使用范围越来越多元化。我国早期皮革艺术与实用性和工艺性难以分割，对于皮革材料的艺术性塑造往往被附属于实用性之中，皮革材料在当代艺术设计的语境之下对于箱包、皮具、雕塑、壁画、装置等艺术与设计门类都有着越发重要的作用。

对于想要学好皮革艺术的人来说，首先要学好皮革艺术的基本知识，了解皮革艺术的历史与发展、表现形式与分类、皮革的种类与材料等，特别是对基本的工艺技法及其设计原则要准确地掌握，同时在设计中不断实践，不断提高。也只有掌握了皮革艺术的相关技术知识与设计应用方法，通过大量实践，才能设计出优秀的皮革艺术作品。

第一节　皮革艺术概述

一、皮革艺术的含义

皮革艺术，主要指以天然皮革为材质和载体，以手工技法为主要创作手段的一种技艺或艺术形式。

近年来皮革艺术在中国日益呈现出强大的艺术创新力，被越来越多的人们所认识喜爱。皮革艺术的种类和表现形式也很多，包括皮雕、圆雕、高浮雕等在内的传统表现形式和近些年兴起的与其他艺术门类相关联的跨领域皮艺表现形式都有着各自的特点，随着经济的发展，皮革材料并不如古代一般仅限于贵族阶级或商人阶级所使用，而是成为在家居设计、产品设计和艺术创作等领域都被广泛使用的泛用性材料。

二、皮革艺术的历史和发展

1. 我国的皮革艺术发展

史前社会 原始先民利用动物的皮毛包裹身体，以此为衣。由于生皮容易腐烂变质，他们便研究出了一个可以让皮毛经久耐用的方法：用石头不断敲击生皮，使皮毛变柔软，具有柔韧性。青海诺木洪文化中，出现了传统的皮革装饰缝制技术。出土文物中的鞋履用较厚的皮革做鞋底，薄的皮张做靴面，靴尖处缝有一块皮毛做装饰，这显示了皮毛从实用到装饰的转变，同时也表达了人们对美的追求。周天子时期就设立"金、玉、皮、工、石"五官，足可见皮革物料对当时社会的作用。

秦汉时期 以现今的青藏高原游牧民族的皮革制品最具有典范性。服装服饰、帽饰、皮裘、长靴短靴、水袋、马具、皮绳编织都广泛地应用在生活生产中。隋唐时期，皮具产品的造型越来越准确，加工形式也越来越精巧、美观。在原始宗教文化的影响下，在牛、羊兽皮上作画，刻划记录占卜、祭祀活动，加工宗教活动的法事道具一一出现。

宋辽时期　北方游牧民族的"皮囊壶"曾一度盛行并得到推崇。它扁体直身，下部丰满，壶两面随形起线的外观造型向我们展示了当时的审美高度。

元朝时期　西藏隶属于中央王朝，因而在文化的各个方面都与元王朝发生了密切的交往，服饰上所受的影响也较大。在服饰鞋帽上，都有精美的皮雕图案，既美观实用又起到了装饰的作用。

明清时期　随着藏传佛教的兴起和传播，出现了利用皮革绘制的皮绘唐卡和皮雕唐卡（图1-1）。这种唐卡多选用羊皮、牛皮、鹿皮、虎皮作为绘制的画布，也有极少一部分用法皮也就是人皮作为画布。而法皮必须是修行非常高的僧人圆寂时法体显现得是观世音菩萨和白度母，才可以取用绘制。

图1-1　皮唐卡——四臂观音 白度母

从最初的注重实用性到增加装饰性至纯粹的观赏性，皮革艺术的发展经历了漫长的过程，积累了丰富的工艺与技艺经验，成为今天皮革艺术创新的重要参考。

2. 国外的皮革艺术发展

对于西方皮革艺术的发展历史，由于各国历史与皮革工艺各不相同，相关的书籍皆以不同的国家和地域分区为主轴来阐述。参考日本皮革艺术家彦坂和子著、刘世德翻译的《皮雕工艺全集》一书，对西方皮革艺术发展的历史进行了如下整理。

早在石器时代，人类就懂得用兽皮遮身取暖。公元前1450年左右，在埃及的浮雕物上发现了皮革加工的记录，现存最古老的皮带鞋就是从埃及古墓中发现。在著名的意大利古都庞贝城的废墟遗迹中，考古学者发现了在古希腊罗马时代就有皮革工厂已大量地制造衣料、武器、鞋等日常用品，而且装饰技巧已相当发达。到了中世纪，刻花和压擦的技巧已被使用，皮革也被应用在了书本的装订上，人们把文字写在羊皮上，称为羊皮纸。11—15世纪，中国与波斯发展了很复杂的皮革技术，其中不乏压印与雕刻，此手艺由阿拉伯人传入意大利、德国、法国、英国等。公元1492年，欧洲文化又传入美洲，皮革工艺也经由西班牙人传入美洲。到了16世纪起至17世纪文艺复兴时期，皮革工艺里被融入了绘画的装饰，做出了美丽的书册等。18世纪，工业革命兴起，产生了皮革制造的科学研究，法国化学家研究出了植物鞣革的方法。尤其19世纪，德国化学家发明了铬鞣工艺，也改良了相关机器，奠定了今天皮革工业的基础。另一方面，美国的印第安人依其独特的制革技术，制作马具、衣物等皮制物件。

1640—1650年间，正统的欧洲风格的皮革手工艺，因为采用了新大陆的娇嫩植物加入藤蔓花纹图案（图1-2）而使装饰图案产生变化，各种技巧应运而生，这成了西部牛仔的马具和皮带最具代表性的装饰。将美丽的图案雕刻在皮革上的皮雕艺术，即西部式（Western）皮艺技法。一直到20世纪以后，皮雕才成为美洲男性的喜好。大约是在20世纪50年代这门技艺传入中国台湾，后又从台湾传入中国大陆。

图1-2　藤蔓花纹图案——唐草纹

3. 皮革艺术在近现代的发展与变化

在古代社会，随着耕织、冶炼、制陶等工艺的迅速崛起，皮革工艺和皮革艺术落寞了，而随着时间的流逝和文化的变迁，皮革材料又逐渐走入了人们的视野，皮革工艺在鞣制、印染、雕刻等方面再度发展，人们对于皮革材料的使用又出现了新的繁荣。

20世纪以来，由于对工艺的需求已不单只是物质层面，随着人们精神需求和文化修养的提高，在艺术层次及材料的开发方面也得到了多元化的发展。如果按种类功能进行分类，则可以分为以下三类：

（1）实用为主的皮革制品 主要分为传统皮革制品（图1-3）和现代皮革制品（图1-4）。在传统皮革制品中，其中一种多以雕花为主，花纹则是像唐草纹、谢里丹风格这样的传统纹样；另一种是中国北方等皮革产地保留的手工制作的传统民艺。而现代皮革制品多以日用品为主，造型简单，更加注重实用性。

图1-3（左） 传统雕花皮包（Bob Park 美国）
图1-4（右） 现代皮制艺术品（金守幸子 日本）

（2）装饰性为主的皮革工艺品 平面类装饰性为主的皮革工艺品，主要表现为装饰画、浮雕形式和以技术与艺术融合的形式呈现（图1-5）。立体类装饰性为主的皮革工艺品，主要以皮革雕塑为主，多是皮革塑形，以对大自然的模仿为多（图1-6）。

图1-5（左） 平面类装饰性为主的皮革工艺品（Clay Banyai 美国）
图1-6（右） 立体类装饰性为主的皮革工艺品（叶发原 中国台湾）

（3）当代新的创作形式 突破以上两种固定模式，有了更加自由、灵活的创作空间，如壁画、雕塑、装置艺术等（图1-7、图1-8）。而一些传统的皮革品牌也随着时代的发展不断改造着传统的技艺，采用新技术手段，表现形式上也尝试新的拓展。

图1-7（左） 阿兹台克人女神的面具（Aztec Goddess 美国）
图1-8（右） 皮革艺术壁画作品（林强、王淼 中国）

这三种皮革艺术的现代形式表现也证明了当今皮革技艺发展的程度已经足以开发皮革材料的可塑性，在日用、装饰和艺术领域，皮革材料的作用也在逐渐体现，现今的时代已具备完备的条件，对于皮革材料的使用应逐渐着眼于实用器之外的领域。

三、皮革艺术表现形式的分类

天然皮革虽不及人造材质完美无瑕，标准整齐，但是却有独特的加工性能和艺术韵味。不仅每一张皮革都各具特点，而且后期的加工整饰也为其增添了魅力。静心用视觉和触觉感受皮革，便可发现其中蕴含着细腻丰富的美感与意味，作为设计师，应清晰了解皮革艺术的分类形式。

1. 写实风格的立体表现形式

其特点多以写意人物为主，以高精度的写实技法来如实地反映对象的形态，造型风趣、精致、具象化。

2. 平面装饰风格的表现形式

一种以装饰效果为主的图案化、平面化、重形式感的皮艺风格，相应的作品多以装饰画为主，表现形式可以分为以彩绘染色为主、偏油画写实的装饰画和以塑造动物为主的浅浮雕式装饰画。

3. 传统风格的实用产品形式

以实用为基础功能，以产品形态为依据，装饰美化为主要目的，实用和装饰性兼具，甚至有时装饰性要大于实用性，是一种典型的工艺美术品的风格形式。

4. 抽象风格的艺术创作表现形式

从生活中寻找灵感来源，并且抽象、简化出新的形态，再还原到原始的状态中。所做作品更加多角度挖掘皮革的造型性能和艺术表现力，将皮革视为一种有机元素，展现较强的个性，以一种纯艺术性的方式表现出来，极具现代感。

四、皮革独具的形式美感要素

1. 素材美

皮革材料具有温、柔、韧、雅的特性，且触感温润、透气、耐用，表面具有天然的花纹，美丽自然。

2. 造型美

皮革具有非常优良的加工性能和使用性能，抗撕裂强度、抗张强度、耐折牢度、延伸性等较高；有优越的染色性、吸湿性、保暖性；切口不绽开、不脱落。

3. 装饰美

在皮革上可进行雕刻、染色、打印、编结、烙画、镶嵌、涂装等。

第二节　皮革艺术中常用皮革的种类和特性

一、天然皮革的分类

从动物身体上剥下的皮，称为"生皮"，是制革工业的原料。生皮经过一系列的物理和化学加工处理，性质和外观发生了改变，满足了人们不同的需要。这种对生皮的加工方法叫作鞣制，鞣制及后期加工方法不同，获得的皮革在性能和用途上也各自不同，艺术家们会挑选符合作品创作需求的皮革。由不带毛的生皮鞣制加工成的制品，称为"皮革"，简称"革"；由带毛生皮鞣制而成的动物毛皮，称为"裘皮"，用作服饰材料，常见有貂皮、狐皮、羊皮和狼皮。

皮革优于其他材质之处为：它的吸湿、排湿作用快，不易因温差而产生变化，具有保温性、弹性与可塑性，易加工塑形，断面不易裂开，坚固耐用，易于染色。而皮革不及其他材质的地方是：每一块皮革都不是完美无瑕的，由于动物在生长过程中有很多不确定因素，多多少少都会有些瑕疵，即使是相同的动物，由于性别、年龄、生长环境的不同也会造成动物本身的差异，无法完全相同；此外，皮革在潮湿的环境下会膨胀，在干燥的环境下则会收缩；在潮湿的环境中，人们要时常去打理它，不然皮革容易发霉。

二、天然皮革的种类和特性

1. 根据动物的种类分类

（1）羊皮　一般分为山羊皮（图1-9）和绵羊皮（图1-10）。皮质特征：绵羊皮毛孔细而密，粒面比山羊皮细致，质地柔软，延伸性大，强度较低。山羊皮上的毛分针毛和绒毛两种，毛孔比绵羊皮和黄牛皮毛孔稍粗，比猪皮毛孔细，皮质比较紧实。经过鞣制加工后，可制成各种手感、强度、色彩、花纹的皮具，如背包、手套、皮衣、鞋子。

图1-9（左）山羊皮革
图1-10（右）绵羊毛皮

（2）牛皮　根据牛的品种，可分为黄牛皮、水牛皮、牦牛皮等。黄牛皮毛孔细，粒面细致，表皮薄；牦牛皮有绒毛、细针毛和粗毛几种，毛长而密，毛孔细而密；水牛皮毛稀，毛孔大，表皮很厚。牛皮透气、透水汽性比较好，皮面张幅较大，毛孔细小呈圆形分布，触摸手感坚实而富有弹性，整体感觉光亮平滑，质地丰满、细腻，用力挤压皮面，有细小褶皱出现。以牛皮为基材，利用机器加工技术制作出鳄鱼纹、鸵鸟纹、蛇纹、珍珠鱼纹等皮革；利用手工加工，可制作成各种皮革工艺制品。根据制造工艺的不同，可分为牛皮漆革、牛皮修饰面革、牛皮绒面革、牛皮全粒面革、牛皮双色效应革、牛皮贴膜革等，如图1-11、图1-12所示。

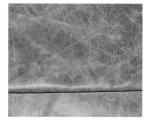

图1-11（左） 牛皮革

图1-12（右） 带毛牛皮革

图1-13（左） 马皮革

图1-14（右） 生马皮

（3）马皮 马可以分为饲养的驯服马和野马。马皮透水性和透气性较小，耐磨性较大，较难处理。马皮分为马前身和马后身两部分，分界线是从头到背脊线的3/4处。前身厚度较薄，纤维编织疏松；后身较紧实。马皮前身可加工成鞋面革、服装革；后身可加工为靴子帮面革、底革、防水鞋面革。马皮革如图1-13所示，生马皮如图1-14所示。

（4）猪皮 猪可分为人工饲养的猪和野猪。猪皮革透水性和透气性能好。皮表面毛孔圆且粗大，排列为三个一组，呈"品"字形排列。猪皮与牛皮比较，光滑度不及牛皮，制成鞋面革后粒面粗糙。由于纤维束编织得密实，猪皮革具有较大的强度和耐磨性。猪皮革主要用来做辅料，如鞋和包的内衬革（图1-15），也有一些用来制作皮衣。

图1-15 猪皮革

图1-16 鱼皮革

（5）鱼皮 鱼皮可分为鲤鱼皮、珍珠鱼皮、草鱼皮等。大多数鱼皮具有鳞片，经过加工后，皮面上留下"鳞窝"，呈现蜂窝状立体外观（图1-16）。鱼皮革可做包袋、皮鞋的装饰和点缀。

（6）爬行动物皮 可分为鳄鱼皮（图1-17）、蜥蜴皮、牛蛙皮、蛇皮。鳄鱼皮表面的角质和鳞片坚硬，突起明显，有天然渐变的方格纹路，适用于时尚皮革制品的点缀与搭配，多用于制作箱包、手袋、钱包等奢侈品。蜥蜴皮皮质细腻，透气性、耐久性良好，皮面纹理细致，富有质感。蛇皮皮面较薄、强度低，带有鳞片状的花纹图样效果。由于皮种稀少、价格昂贵，多用于奢侈品的包袋、鞋的装饰或高级腰带、表带的贴面。

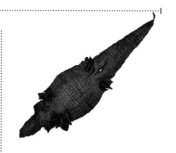

图1-17 鳄鱼皮革

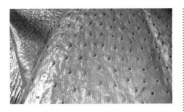

图1-18　鸵鸟皮革

（7）鸵鸟皮（图1-18）　柔韧性、耐曲挠性、强度比牛皮、猪皮、羊皮高很多。毛孔高高鼓起，像珍珠镶嵌在皮面上，毛孔间有像松针一样的独特肌理，真皮高贵自然，非仿鸵鸟皮所能及，多用于奢侈品的制作。

（8）袋鼠皮　袋鼠产于澳大利亚，袋鼠皮粒面滑爽，手感柔软，丰满性和弹性非常好，外观可与牛皮、羊皮相媲美（图1-19）。在同样的厚度下，袋鼠皮比牛皮的抗张强度大10倍，所以它可以做得和羊皮一样柔软、丰满，多用于包袋的加工制作。

图1-19　袋鼠皮革

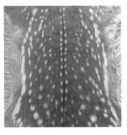

图1-20（左）　带毛鹿皮革
图1-21（右）　鹿皮革

（9）鹿皮　分为鹿皮和麂皮。麂，是一种珍贵的野生动物，现为我国二级保护动物。鹿皮，则多以梅花鹿为主。鹿皮毛被由粗糙的针毛及细短而柔软的绒毛构成，具有很强的保暖性，可以制作成沙发座套、服装、鞋靴等，应用范围十分广泛，是一种比较珍贵的制革原料皮（图1-20，图1-21）。

2. 根据皮革层次分类

生皮可分为头层皮和二层皮（图1-22），其中头层皮用来做全粒面革和修面革。全粒面革是指保留并使用动物皮本来表面（生长毛或鳞的一面）的皮革，也叫正面革。修面革又称"光面皮"，也称雾面、亮面皮，是利用磨革机将革表面轻磨后进行涂饰，再压上相应的花纹而制成的，实际上，是对伤残或者粗糙的皮革表面进行整容。二层皮是用片皮机对厚皮剖层而得的下层，二

图1-22　头层皮和二层皮

层皮经过涂饰或贴膜等系列工序制成二层革，它的牢度和耐磨性较差，是同类皮革中比较廉价的一种。

3. 根据风格分类

可分为光面革、荔枝纹革、油蜡革、水染革、摔纹革、纳帕革、压花革、修面革、漆光革、磨砂革、贴膜革、印花革、裂纹革、反绒革等。

（1）光面革　是以革的粒面层为正面的成革，又叫全粒面革（图1-23）。要求皮面平滑细致，无管皱和松面，颜色均匀一致，涂饰层黏着牢固，不脱色、不掉浆，革里无油腻感，色泽鲜艳美丽。

（2）荔枝纹革（图1-24）　表面印有荔枝纹。所有荔枝纹都是皮革加工后期印制的——无论是头层还是二层，皮革的天然纹理都没有荔枝纹，大量荔枝纹皮的出现，仅仅因为它是对皮肤皱纹的模拟，这种纹理可以让成品皮革，尤其是二层皮，看起来更像"皮"而已。"片皮"后的二层皮本身没有任何纹理，印制荔枝纹是最佳选择；大量伤残较严重的头层皮，经过修补后，为了掩盖修补痕迹，印制荔枝纹更是常用技法。但是，对于最优质的头层皮，由于已经有很漂亮的粒面效果，很少会被画蛇添足地印制荔枝纹。

（3）漆革　指在真皮或者PU革等材料上淋漆，把表面加工成光亮坚固的皮革，是一种具有强烈表面效果和风格特征的服饰材料（图1-25）。其特点是皮革色泽光亮、自然，防水、防潮，不易变形，容易清洁打理等。

（4）疯马革　又称为油浸革。手感光滑，手推表皮会产生变色效果。材质主要为头层牛皮，属于中高档皮革（图1-26）。

（5）纳帕革　用头层牛皮制成，英文名称：NAPPA。纳帕革在制鞋、箱包等行业应用颇为广泛（图1-27）。

图1-23　光面革及应用

图1-24　荔枝纹革及应用

图1-25　漆革制品

图1-26　疯马革及应用

图1-27　纳帕革及应用

4. 按制造方式分类

动物（皮）经皮革厂鞣制加工后，制成具有各种特性、强度、手感、色彩、花纹的材料，是现代真皮制品的必需材料。

动物皮的加工过程非常复杂，制成成品皮革需要经过几十道工序：生皮—浸水—去肉—脱脂—脱毛—浸碱—膨胀—脱灰—软化—浸酸—鞣制—剖层—削匀—复鞣—中和—染色—加油—填充—干燥—整理—涂饰—成品皮革。

天然皮革的鞣制方法有很多，如铬鞣法、铝鞣法、锆鞣法、植物鞣法、醛鞣法、复合鞣法等。其中在我们生活中最常见到的两种鞣制方法为铬鞣和植物鞣制法。植物鞣制是最古老的鞣制法，至今有数千年的历史，在铬鞣法出现前也是最重要的鞣制方法。植物鞣制法是用纯天然的制剂进行鞣制的，提取植物的根、茎、叶、皮、果、木等细胞组织中的一种成分为单宁（Tannins）的混合物进行鞣制，使生皮变成革，经过植物鞣剂鞣成的革具有组织紧密、坚实饱满、延伸性小、不易变形、耐磨性好、抗水性强等特点。由于这样鞣制出的皮革较重，被称为重型皮革。植物鞣制法对皮革改变少，可以进行塑形、染色、雕饰等后期处理，所以现在的皮革艺术家们创作中更多地选择植鞣革进行创作。铬鞣和植物鞣制的本质区别是鞣制剂的不同，铬鞣法是用化学制剂铬鞣液对皮进行鞣制。铬鞣革具有弹性大、柔软、轻薄的特点，便于鞣制工序中后期的整饰等工艺，由于质地轻薄，因此鞣制出的皮革称为轻型皮革，是日常生活中使用的皮革制品最常选用的皮革类型。

从皮革的档次来分，从高到低排序为全粒面革、半粒面革、轻修面革、重修面革；从皮革的软硬来分，从软到硬排序为铬鞣皮、半植鞣皮、全植鞣皮（栲皮）。

三、再生革和人造革

再生革（国外又名皮糠纸），是将各种动物的废皮及真皮下脚料粉碎后，调配化工原料加工制作而成的。其表面加工工艺同真皮的修面革、压花革一样，其特点是皮张边缘较整齐、利用率高、价格便宜；但革身一般较厚，强度较差，只适宜制作普通公文箱、拉杆箱、球杆套等定型工艺产品和普通皮带，其纵切面纤维组织均匀一致，可辨认出流质物混合纤维的凝固效果。再生革兼有真皮和PU革的特点，是现今非常通用的皮具面料。同真皮一样，再生革具有吸湿、透气性，做工好的再生革还具有与真皮一样的柔软度、弹性，质地轻，对极端的高低温耐受力强，耐磨。其不足之处是强度低于同等厚度的真皮，当然也比PU革差，不适宜做鞋面等受力较大的皮具。

人造革也叫仿皮或胶料，是PVC和PU等人造材料的总称。它是在纺织布基或无纺布基上，由各种不同配方的PVC和PU等发泡或覆膜加工制作而成，可以根据不同强度、耐磨度、耐寒度和色彩、光泽、花纹图案等要求加工制成，具有花色品种繁多、防水性能好、边幅整齐、利用率高和价格相对真皮便宜的特点。但绝大部分的人造革的手感和弹性无法达到真皮的效果；它的纵切面可看到细微的气泡孔、布基或表层的薄膜和干干巴巴的人造纤维。它是早期一直到现在都极为流行的一类材料，被普遍用来制作各种皮革制品，或部分代替真皮材料。它日益先进的制作工艺，正被二层革的加工制作广泛采用。如今，极似真皮特性的人造革已有产品面市，它的表面工艺及其基料的纤维组织，几乎达到真皮的效果，其价格也相当合适。但真皮有仿皮（再生革和人造革）无法比拟的独特卫生性（天然的毛孔和纤维）和耐用性。

四、皮革的尺寸及裁剪说明

常用皮革的形状都是不规则的，计量标准通常是面积，不计算长度或者宽度。因皮身部分的不同，皮革颜色略有深浅、背面纤维长短不同皆为正常现象。皮革的尺寸换算：

1平方港尺＝0.0626m²。如果是正方形，大约是25cm×25cm。

1ft²＝0.0929m²，如果是正方形，大约是30cm×30cm（图1-28）。

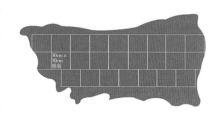

图1-28 皮革按30cm×30cm裁切的样貌

一般皮革按 ft² 销售，一整张的皮一般为20～28ft²，平时在购买时多为半张为10～15ft²。11ft²大概等于1m²。

皮革按照部位的不同（图 1-29），裁剪的区域也不同，可以分为整张皮、半张皮、肩皮、臀部皮、边腹部皮等。根据制作对象的不同会选择相应位置的皮革进行设计与制作，同时对于皮革厚度的选择上，做钱夹的外皮通常用1.8～3mm厚的皮革，里层通常用1～1.2mm厚的皮革，做小包袋或大包袋就要1.6、1.8mm或者2.0mm以上更厚的皮革。

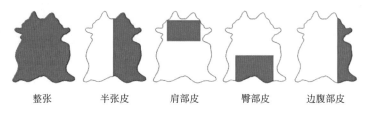

整张　　　半张皮　　　肩部皮　　　臀部皮　　　边腹部皮

图1-29 皮革的裁切部位

五、皮革的常见瑕疵

皮革受动物的客观生存状态及加工处理等因素影响，皮面会有裂纹、斑点、疤痕、孔洞、烙印等瑕疵（图1-30至图1-38），不会像商场里的皮具那样干净美观。购买皮革后，如果暂时不用的皮革要用布或者牛皮纸包好，平放在遮光、干燥通风的地方，避免潮湿发霉与生虫，做雕刻用的植鞣革受光照颜色会越变越深。

图1-30 皮革背面（皮面下层为纤维质，不同种类的皮革纤维质地不尽相同，多为绒毛感）

图1-31 皮革虫斑（野外生长的牛会因小昆虫或者寄生虫所接触感染皮肤，皮面自然会受到影响）

图1-32 皮革孔洞（牛受到外力伤害过大形成的伤痕，在鞣制过程中会把较大皮面去掉）

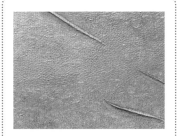

图1-33 皮革伤痕（牛因在放牧中生长受到外力造成的伤痕是不可避免的）

图1-34 皮革纹理（牛皮的褶皱，处于肩颈下、肚皮等位置较明显，天然纹理不可避免）

图1-35 血管（在血管通过的部位，皮面会出现如闪电般的痕迹，这就是真皮的最佳证据，在购买皮革时，可以找找是否有这样的痕迹出现）

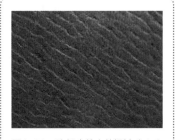

图1-36 肋部皮纹上的褶皱（这是附着在肋部皮纹上的褶皱，牛皮最能够广泛运用的部位就是肋部，不过依照分布的位置不同，纤维密度也会有所不同，因此会呈现出大大小小的褶皱）

图1-37 色素黑点（染色后，染料会聚集在牛皮的细微伤口或皮革毛孔处，形成你所看到的黑点。许多人会将其视为染色过程的瑕疵，但这样的斑点却忠实地呈现出牛皮的个性和皮革的独特之处）

图1-38 虫的咬痕（大多数被饲养的牛都会遇到被蚊虫叮咬的状况。而这些咬痕大多都会在牛皮表面留下浅浅的凹洞痕迹。若再经过染色，就会成为色素较为浓密集中的地方）

第三节 皮革艺术常见技艺

一、皮雕

打印花

刻刀线

雕饰在皮艺的装饰技巧中是基础，但也是皮艺中比较终极的技巧，主要是要求制作者反复大量的练习，纯熟地操作工具，才能雕饰出极其精美的花纹。雕饰的图案看起来十分复杂，但只要学会了基本的旋转刻刀和印花工具的使用方法，其他就是熟能生巧的应用。以最为基础的唐草纹举例，具体步骤如下：

1. 选料

选择面积适当大小的植鞣皮革材料，皮面尽量平整、无残、少纹（图1-39）。在雕刻前用海绵在皮革正面擦水或喷水，使皮革湿润。湿润程度以水将要浸润到皮背面为宜，水分不要过多和过少，如果皮革过于干燥，就不易切割；若是过于湿润，则皮面太过柔软，切割的痕迹容易太深。

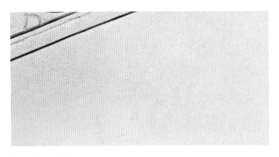

图1-39 选料

2. 线稿

将事先描绘在硫酸纸上的图案用圆头的铁笔拓印在湿润的皮革上（图1-40），这时候要注意运笔要坚定有力，不要重复拓印，更不要落下线条，可以有规律地从上到下或者从左到右或者一个一个图案逐个完成。要尽量防止漏印的情况。

图1-40 线稿

3. 刻刀线

使用旋转刻刀，沿着皮革上拓印出的图案痕迹划出与图案一致的轮廓线条。将旋转刻刀以约45°角竖立起来，然后把食指的指腹放在旋转刻刀刀柄的凹处，大拇指和中指、无名指很自然地扶住旋转雕刻刀的握柄部分。切入皮革1/3～1/2的深度，向内刻划线条，最好一次刻划完成。刻划曲线时，左手需根据需要旋转皮革以配合右手旋转刻刀的曲度，方能划刻出理想的曲线。注意刻画刀线时，手要稳，力度要均匀，拇指、中指、无名指互相配合，使刀柄带动刀头旋转，多加练习才能呈现出完美流畅的刀线（图1-41）。

图1-41 刻刀线

4. 打印花

使用印花工具在雕刻好的刀线图案上敲打出基本的轮廓和阴影，不同的印花工具可以印出不同的花纹，使皮革呈现凹凸变化及艺术美感（图1-42）。印花工具可分为打边印花工具和修饰印花工具。

图1-42 打印花

5. 刻装饰线

利用旋转刻刀刻划装饰线条，对皮雕作品再次修饰，让画面丰富生动（图1-43）。

图1-43　装饰线

6. 染色

雕刻之后的皮雕作品是原色的，用酒精染料、盐基染料、丙烯类颜料、油性染料等给皮雕作品上色（图1-44）。上色时由浅入深，而且每种染料都有其各自的特点和效果，要根据不同需求采用不同的上色步骤。

图1-44　染色

二、塑形

塑形

利用植鞣革绝佳的可塑性，每一件皮雕作品均可融入作者的视觉美感及创意巧思，因此都是独一无二的艺术品。皮革塑形需先将植鞣革经过泡水浸湿，软化其组织结构。在湿润的植鞣革尚未干前，将皮革包在事先做好的模型上，通常直接用手指，也可以借助硬质的磨具，运用拉、扭、压、捏、敲、挤、刮、钻等技法，使皮革慢慢呈现出想要塑造的形象。如此反复，整个过程需要一段时间，直到皮革达到设计想要的形状为止。最后在皮革背面涂上一层硬化剂以加强其坚挺程度。常见的塑形技艺有三种，具体步骤如下：

1. 运用手的力度进行塑形（图 1-45 至图 1-50）

图1-45　将植鞣革剪成想要塑形的形状，由于塑形皮革会回缩一些，所以需要剪得大一些

图1-46　将植鞣革放入水中浸湿

图1-47　捏出多余水分后，根据所需要造型用手进行造型

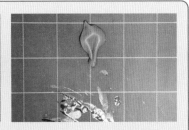

图1-48　根据造型可对潮湿的植鞣革进行弯折和捏塑，此时力度需大一些　图1-49　最后调整造型　　图1-50　完成

所捏造型叶片为《平安是福》皮艺作品局部，如图1-51所示。

2. 胶粘塑形

胶粘塑形的表现手法也是皮艺作品中常见的塑形手法之一，在当代设计中经常能够看到其应用，在此以一个模拟包面展现胶粘塑性的基本方法，如图1-52至图1-59所示。

图1-51　《平安是福》局部叶片（皮克工作室/林强、王森）

图1-52　在皮革的表面涂抹胶水，对所塑造的图案进行拼组前准备工作　图1-53　图案拼组，此时图案可以出现微弱的层叠效果　图1-54　拼组好图案后在图案和后续需要粘贴皮子的部分涂抹白胶

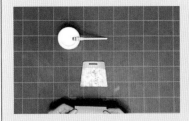
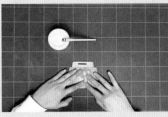
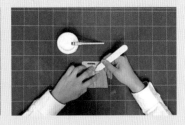

图1-55　要注意每一个缝隙都要涂抹好白胶　图1-56　将羊皮粘贴在拼组好的皮革花纹处，并用手摁压出大致的形态　图1-57　运用牛骨棒和塑形工具将细节塑造出来（1）

图1-58　运用牛骨棒和塑形工具将细节塑造出来（2）　图1-59　最终成品

3. 模具塑形

可以借助各种模具对植鞣革进行塑形，如图1-60至图1-66所示。

图1-60　把裁切好形状的植鞣革泡水润湿

图1-61　运用半球形塑形模具，将湿水后的植鞣革放置其中（1）

图1-62　运用半球形塑形模具，将湿水后的植鞣革放置其中（2）

图1-63　用手均匀施加压力，使植鞣革慢慢随着模具变形

图1-64　运用金属重型G型夹将植鞣革夹紧，放置数小时，使其定型

图1-65　将定型后的植鞣革取出

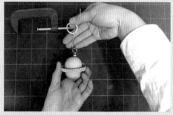

图1-66　打孔，进行拼装、粘贴、修饰打磨边缘

对一些小型皮具的塑形，可以运用木质模具作为植鞣革塑形的底部模具（图1-67），并用钉枪沿模具边缘钉入钉子，以防皮革在干燥过程中进行回弹。

图1-67　木质模具植鞣革塑形

三、染色

染色

染色是指使用染料在皮革的表面上色，常见的皮革染色法有油染法、糊染法、防染法、水晶染法、干擦法、蜡染法等。染剂分为油性膏状染料和水性染料。油性膏状染料用在印花或雕刻的部分，是制造阴影凸显立体感的最佳润饰染料；水性染料通常显现出来的颜色较鲜艳，并且颜色一经涂上就不可擦掉。在染色中有一个重要的工作就是防染，与染色的作用相反，防染使皮革染料不能在皮面上染上颜色。在皮革染色中，可以利用组合基本颜色以及其混色等方法制作出无数种颜色，将想象中的图案具象化，并且创造出具有原创性的图案。

1. 皮雕基本的染色方法

先将水性染料倒在小碟子里，用小毛笔沾上染料小心地涂在图案中间压下去的地方；等干后再用棉布沾上皮革光亮乳液涂于皮革上，进行防染处理；用牙刷把油性染剂涂于防染好的皮革上；最后用干净的棉布擦掉油性染剂即可（图1-68至图1-71）。图案雕刻、染色完成后，需确认皮革表面干净，无尘埃或其他颗粒物附着，再使用皮革光亮油或者牛角油等，或类似可以保持皮品质、保护皮面的制剂，以画圈的方式轻轻地在皮革表面进行擦拭，以增强皮革的耐用性及光泽度。在涂抹光亮油时，切记不可反复擦拭。

图1-68　小毛笔染色

图1-69　防染处理

图1-70　涂油性染剂

图1-71　擦去油性染剂

2. 蜡染

这是大家熟知的染布方法，也是可以使用在皮革上的染色方法之一，将已经融化的蜡放置在皮革上来达到防染的目的，甚至还可以制造龟裂的纹路使作品呈现出缝隙感，并且具有明显的特征。依照个人的喜好可以控制龟裂纹的大小、粗细及大小纹路混合搭配（图1-72）。合理运用龟裂状细碎、密集的花纹，使其与主体物在皮面中形成疏密的关系，整幅皮面看起来显得富有节奏且不失层次感。

图1-72　不同大小的龟裂纹

3. 扎染

与大家知道的扎染技法一样，但所需要的皮张为稍微薄一些的本色植鞣革，并且染剂也可以由化学染剂换为植物染剂，如板蓝根、栀子花壳等，甚至可以自己配制染剂。西红柿、紫甘蓝、茶叶水等都可以作为染剂。扎染案例如图1-73所示。

图1-73　扎染案例

4. 切片染

切片染和蜡染的概念是一样的，都是通过在不需要上色的部分贴上切片来达到防染的目的。虽然没有龟裂花纹的效果，但因为可以自由切割形状，所以能够进行完全吻合形状的防染处理。其中，切片染可以利用切片大小和形状的不同，使颜色进行重叠，从而产生出神奇的变色效果（图1-74至图1-87）。

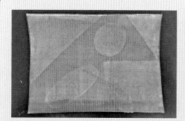

图1-74　将皮革染上第一层颜色，风干30min左右

图1-75　贴上切片，在皮革上涂上第二种颜色的染料，让颜色重叠

图1-76　染料的涂抹方法和第一种颜色一样，从一边的边缘移动到另一边

图1-77　第二种颜色涂抹结束，风干约30min继续下一步

图1-78　用切片进行防染处理，然后再重复上色

图1-79　染料无法从切片上方渗入，所以只要依照一般的涂抹方法即可

图1-80　细小的部分也要重复进行上色，这样才能让颜色均匀

图1-81　约15min后染料固定下来，剥掉切片，基本图案的染色工作就完成了

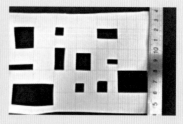

图1-82　准备和皮革一样大小的切片，然后切割出自己想要的形状

图1-83 对齐皮革，将切片贴上去

图1-84 贴比较大的切片时，需要注意的是不要让空气渗到里面

图1-85 皮革贴上了切片

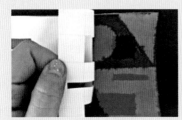
图1-86 剥掉切片，不要让切片残留在皮革上

图1-87 最终染色完成

5. 防染剂染

防染特有的上色方法是防染剂在干后会变成橡胶状的薄膜，可以轻易地剥离开来。如果防染剂是直接使用在本色皮上，剥离开防染剂薄膜的地方会呈现出皮本色的样子，所以再涂上其他颜色，那部分就会变成所涂的颜色。利用防染剂成膜防水的特性，设计师可以染制出千变万化的效果（图1-88至1-94）。

图1-88 准备好皮革、毛笔、防染剂、纸杯

图1-89 用毛笔蘸取防染剂

图1-90 用小毛笔在皮革上画出图案

图1-91 将描绘好图案的防染剂晾干

图1-92 完全干透后，准备染色

图1-93 用干净毛笔蘸取染剂较均匀地涂在皮面上

图1-94 待染剂干后，可用湿水化妆棉轻擦皮面，染色完成

这里所使用的防染剂要求是胶质液体的防染剂，涂防染剂的工具没有限制，可以根据需要选择瓦楞纸、海绵、纱网、毛笔等。也可以运用防染剂的方法进行多层次的防染及色彩重叠，其特色就是图案和利用身边多种工具制作出来的花纹可以同时存在。根据作者创意的不同防染出的效果也不尽相同（图1-95）。

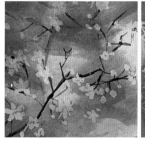

图1-95 防染效果

6. 大理石糊染法

所需用具为大理石糊染粉、平托盘、勾画糊染木棒或铁笔、保鲜膜、液态染剂，具体步骤如图1-96至图1-101所示，糊染效果如图1-102所示。

图1-96 配制染液

① 糊染粉和清水比例按1:18的比例勾兑，每间隔1~2h搅拌一次，至少搅拌3次，直至糊染粉完全溶解，静置12h以上。

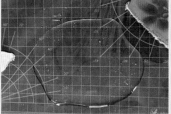

图1-97 糊染料倒入平盘中

② 将调和好的糊染料缓慢倒入平盘，并戳破气泡，否则染色结束后会看到有白色的小圆点。倒入糊染剂之前可以给平托盘或其他平整的物品铺上保鲜袋，以隔离糊染剂。

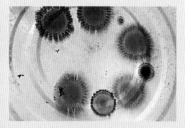

图1-98 滴入液态染剂

③ 随后滴入液态染剂，建议使用滴管吸取颜色，可以准确地滴到需要滴的位置上。

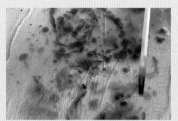

图1-99 勾画

④ 用铁笔、木棒或者顺手的工具开始勾画。

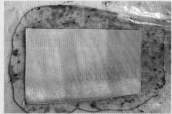

图1-100 皮革染色

⑤ 画完自己想要的图案后，将准备好的皮革轻轻覆盖上，不要移动，用手指轻轻按压使颜色全部附着在皮面上，静置10min后，将整张染好的皮革从一个方向慢慢揭开，平铺到垫板上。

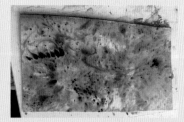

图1-101 皮面着色后处理

⑥ 用刮板刮去皮面上多余的底料，然后用水清洗干净，用干毛巾吸水压干，晾晒，涂上油、光亮处理剂，即得到一张糊染好的皮面。

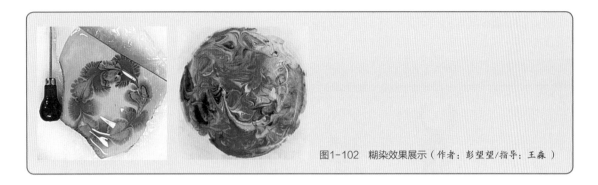

图1-102　糊染效果展示（作者：彭望望/指导：王淼）

四、烙烧

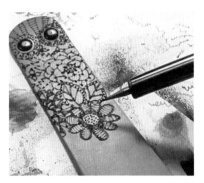

利用高温来烙烧花纹的技法也可以用在皮革材质上。专业的烙烧笔配有多种笔头可以用于替换，以适应各种线形的要求，只不过此种笔的笔头质地坚硬，画出来的线条比毛笔、铅笔等绘制出来的线条稍显呆板、生硬些。用笔方法就像我们画画写字一样，能够自由地描绘出想要的图案（图1-103），也可以和染色技巧一起搭配使用。

图1-103　皮革烙烧（Balzer Design Julie Fei-Fan Balzer/美国）

五、编织

编织一般是用在皮带或皮夹绳带等配件上的方法，主要分为扁形编织和圆形编织，而皮绳的数量也有三、四、五、六、八甚至更多，编织的方法和样式也是多种多样的（图1-104）。常见的编织方法有四股圆编、七股网编、三股网编等。

四股圆编皮绳

七股网编皮绳

三股网编皮绳

图1-104　皮绳编织

1. 四股圆编（图 1-105 至图 1-112）

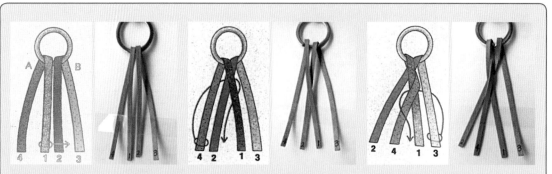

图1-105　将两条皮线穿过环中间，并对折。将1拉至2的上方，形成一个十字交叉

图1-106　将4向后绕，由1、3之间拉出，并交叉于1之上，与2并排

图1-107　将3向后绕，由2、4之间拉出，并交叉于4之上，与1并排

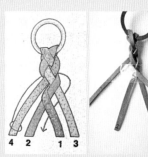

图1-108　将2向后绕，由1、3之间拉出，并交叉于3之上，与4并排。在以上步骤中，需确实将线拉紧

图1-109　将1向后绕，由4、2之间拉出，并交叉于2之上，与3并排

图1-110　将4向后绕，由1、3之间拉出，并交叉于1之上，与2并排

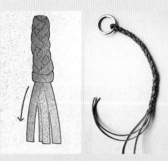

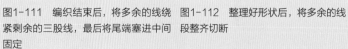

图1-111　编织结束后，将多余的线绕紧剩余的三股线，最后将尾端塞进中间段整齐切断

图1-112　整理好形状后，将多余的线段整齐切断

2. 七股网编（图 1-113 至图 1-120）

七股网编

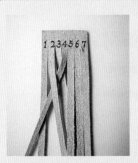

图1-113 将皮革一端保持原样，另一端均匀切成七等分。将4绕到2的下方形成十字交叉

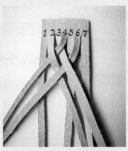

图1-114 将3、5拉成与2平行的角度，然后按照6下3上2下的顺序编织，最后与4并排

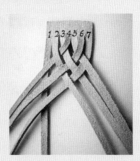

图1-115 将7按照5上3下2上的顺序编织，最后与6并排

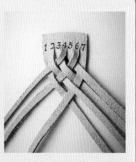

图1-116 将1按照4上6下7上的顺序编织，最后与2并排

图1-117 将5按照3上2下1上的顺序编织，最后与7并排

图1-118 把左边剩下的4按照6下7上5上的顺序编织，最后与1并排

图1-119 将右边所剩的3按照2上1下4上的顺序编织，最后与5并排

图1-120 每条皮线间的空隙必须平均，成品才能平整美观

3. 三股网编

三股编织比四股、七股编织更加简单一些，可分为3根单线的编织和首尾不截断的单股编织，也有人把首尾不用截断的三股编织称为魔力编织，编织步骤如图1-121所示。

三股网编

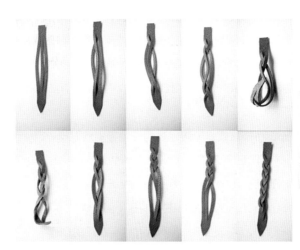

图1-121 三股编织步骤图

4. 皮革边缘编织方式

这些编织方式经常运用在钱包、箱包边缘的地方，也可以作为设计师对整个皮具设计的一部分（图1-122）。

图1-122　皮革边缘编织方式

5. 复杂编织

皮绳编织同时也可以结合镂空的方式，把皮革穿插起来，产生多种效果（图1-123）。

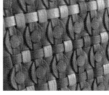

镂空效果的编织　　　　复杂的编织效果

图1-123　复杂编织

六、打印

打印，是使用各种不同的印花工具在皮革上制作花纹的技法。印花工具的使用数量和组合方式不同，可以创造出无限多种的图案（图1-124）。在打印的图案上再进行染色，就可以制作出非常漂亮的皮雕作品。

还有一种打印也是我们常见的，可以称其为镂空（图1-125）。这种技法是指使用"花斩"这种可以打印出各种造型的打孔工具，穿透皮革从而制作出花纹。与印花工具一样，花斩的数量和组合形式越多，所创造的图案类型也就越多。在打印的时候需要注意镂空花纹之间的距离，花纹与花纹之间距离过大，就会看不出创作的是什么样的花纹，而距离过小则会把花纹之间的皮面砸穿。

在打印时，应注意一个小技巧就是，可以运用一个辅助的圆形，测量出长度相等的距离，并标记在每条线段上，画上辅助线，再将圆形纸放在想要制作的图案位置上，用圆形铁笔等工具描绘纸上的线条和位置，在皮革上做出记号；配合所做的记号再进行冲孔（图1-126），这时候孔洞的位置就基本一致了，可以进行一种有规律、有秩序的创作。

图1-124　使用印花工具打印图案

图1-125　镂空打印图案

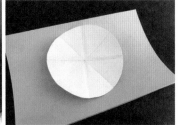

绘制辅助圆形，画上辅助线　　　　将圆形放在想要制作的图案位置上

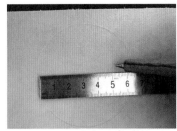

用圆形铁笔做记号　　　　　　　　按照标记进行冲孔

图1-126　镂空打印做标记

七、堆叠

　　将皮革重叠并连接起来，然后共享出现在皮革断面的花纹。依据皮革的重叠方法和切割方法不同，出现的花纹也会随着改变。在做堆积和重叠时可以使用碎皮块，黏合剂则可以使用白胶，其他的胶如果有颜色，在黏合时可能会残留在断面上，所以使用黏合剂时要涂抹得薄一些，也要把皮与皮之间压紧实。

1. 平置花纹

　　将不同颜色的皮革平坦地重叠起来进行黏合（图1-127）。此时皮革的断面会出现平坦的花纹。如果改变皮革的上下组合，就会出现不同的花纹（图1-128）。

图1-127　平置花纹

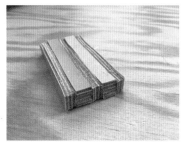

图1-128　组合平置花纹

图1-129　格子花纹

2. 组合花纹

　　对重叠后的皮革采用不同的切法可以制作出各种不同的花纹。将皮革反转得到的格子花纹如图1-129所示。

利用皮革这种可重叠粘贴的特性，可以创作出多种的皮革纹理。以平置花纹为基础，然后在其上面钻孔，再安装切割成薄片状的漩涡花纹。详细制作步骤如图1-130至图1-146所示。

图1-130　准备好颜色不同皮张

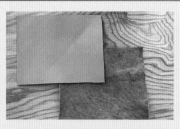

图1-131　裁出两张长方形皮革（其中卷在外部的皮革比内部皮革长20mm，这样可以使卷起来的两张皮革长度相等）

图1-132　将两张皮革均匀涂胶（里面包裹的皮革要保证两侧均有白胶）

图1-133　将两张皮革贴合

图1-134　外侧皮革在贴合时要比内侧皮革长2~3mm，这样有利于将皮革卷起时不留缝隙

图1-135　为了防止皮革在卷起时出现皱褶，尽量用玻璃板压住皮革，向前挤压卷卷，左手轻拉皮革

图1-136　卷好的皮革卷

图1-137　选择接口比较整齐的一段

图1-138　用手刀将皮卷切成小段

图1-139　切好的皮革卷，直径约13mm

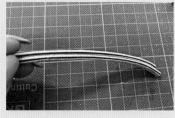

图1-140　切割平置花纹皮革

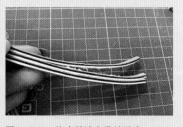

图1-141　将皮革涂白乳胶贴合

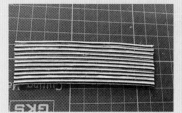

图1-142　将皮革组合成一个边长近35mm的长方形

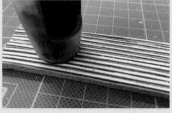

图1-143　用40号（12mm）圆形冲花工具冲裁

图1-144　冲裁出圆形皮块

图1-145 在准备好的螺旋花纹边缘涂
抹白乳胶，冲孔边沿也要涂抹白乳胶

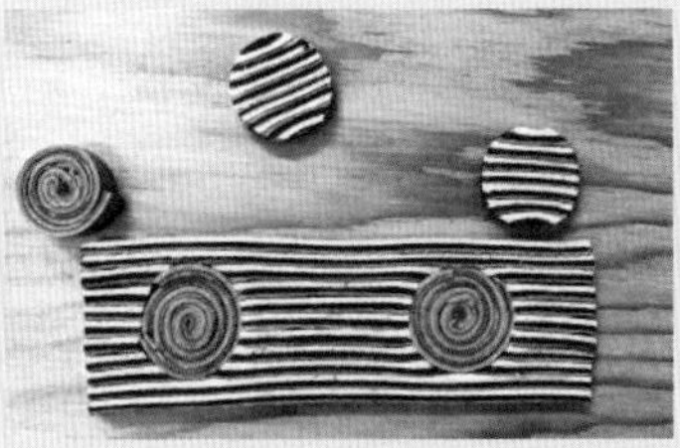

图1-146 将螺旋花纹放进圆形孔里，
用滚轮压实，制作完成

八、综合运用

在实际皮革艺术作品创作环节中，应将上述包括常见技艺在内的多种皮革创作技法进行综合应用，如果只对某种单一技法有所掌握，并不能创作出完整的艺术作品。而在一个完整的艺术作品当中，对于所用各项技法的掌握程度应是相对接近的，如果创作者对某种技法的掌握过弱或过强，都可能导致作品整体性与平衡性的丧失，但在实际的学习过程当中，对于不同技艺掌握程度的差异性又难以避免，因此，在创作中如何扬长避短，将不同掌握程度的技法构成到单个完整的艺术品中则是创作过程中必须要注意的问题。下面对各种技法的综合应用配合实例进行解读。

1."战争"系列《向往和平1》(图1-147)

（1）材料准备

原色植鞣革、棉花、精雕油泥、印花工具、铁钉（若干）、银色喷漆、颜料、蜡线、手缝针、冲孔工具、强力胶。

（2）作品解读

本作品应用了皮塑、皮雕、染色、填棉、皮料拼贴等手工皮艺技法。主题为"向往和平"，其灵感来源于宫崎骏的动画《萤火虫之墓》，表现战争给城市带来的巨大破坏和给人们带来的压抑与痛苦。整个作品分为三个部分：城市俯瞰的景、云朵

图1-147 《向往和平1》（作者：李鑫阳/指导：王淼、祁子芮）

与烟雾缠绕的景以及飞机。利用色彩的空间、俯视的视角、凹与凸的关系来表达层次。

（3）方法步骤

① 选择一块植鞣革，首先将其表面用喷壶均匀喷湿，需要注意的是，喷壶中的水最好为纯净水，自来水中因含有铁离子可能会使皮面变黑。湿润程度以皮面潮湿没有小水珠即可。随即在皮革肉面贴上防伸展内里，然后用玻璃板摩擦，让防伸展内里可以和皮革紧密贴合。接着用铁头描笔将城市俯瞰图和云朵轮廓画在

皮革表面，用旋转雕刻刀按照刚刚画好的形再切割一遍，在切割好的轮廓基础上进行印花。在图案上打上印花，打印方向尽可能和切割方向保持一致。在这个过程中皮面需要一直保持潮湿状态。

② 利用植鞣革皮塑起鼓工艺完成云朵与烟雾部分。将皮面打湿，达到潮湿状态，从肉面一侧用带弧度的坚硬工具（类似小铁勺、打磨棒这些既不是很锋利又方便抓握的工具就可以）将云朵部分朝上顶起，每片云朵的顶起部分尽量在云朵的中间位置，这样轮廓线可以更加清晰一些，放置晾干。

③ 用冲子冲出小皮点，将小皮点和小皮块当作房屋俯视形状，用强力胶贴于画面城市俯瞰区。这一部分做起来比较细致，需要注意的是，涂抹胶水时尽量用针状工具将胶水涂抹于小皮点底部，避免胶水过多，导致边缘部分不够干净。待胶水完全晾干再进行下一步操作。效果如图1-148、图1-149所示。

④ 俯瞰图中还有一小部分是海洋（图中蓝色部分），需要用到皮革染色工艺。拿小号毛笔沾取水性染剂将海洋部分均匀涂色，需要注意的是，水性染剂上色最好不要一开始就制作出浓厚的颜色，而是要重复上色几次来调节颜色的浓淡。

⑤ 这件作品最大的亮点是飞机部分，运用了皮塑的技艺，营造出第一度空间。首先用油泥塑造出飞机形状，因为油泥质地坚硬细致，对温度敏感、微温可软化，塑形相对简便，可精雕细琢。按照需要的飞机大小做出对应大小的模型，主要塑造几条轮廓线即可，如图1-150所示，塑造完成后晾干即可进行下一步。

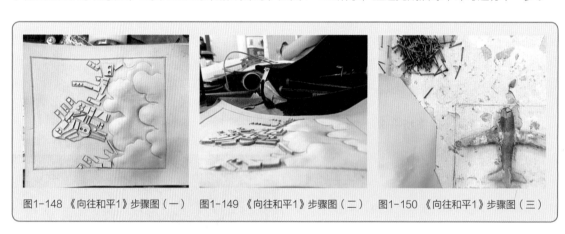

图1-148 《向往和平1》步骤图（一）　图1-149 《向往和平1》步骤图（二）　图1-150 《向往和平1》步骤图（三）

⑥ 将植鞣革打湿，要比皮塑时的皮革更加湿润，但革面表面也不能有小水珠。将处理好的植鞣革置于晾干的飞机模型表面，使植鞣革与模型紧密贴合，细节部分可借助带弧度的坚硬工具，反复多次塑造，形状基本完成后，用铁钉、夹子固定边缘，等待晾干定型，如图1-151所示。

⑦ 定型完成后，从模型下取下塑形好的植鞣革飞机造型，修剪边缘多余部分，涂抹肉面处理剂并进行打磨，按照塑造好的飞机轮廓再用植鞣革做出一个平面的底面，但底面边缘也要和塑造好的飞机模型边缘一样，进行打磨等其他处理，最后达到两片可以完全重合的效果即可。

⑧ 在飞机模型与底面边缘位置打出相同数量的孔眼，方便最后缝合。中间部分适当填充棉花，使整个飞机模型具有一定质感，填充完毕，将两片缝合。

⑨ 将造型完毕的飞机用小皮点进行丰富的细节装饰，用喷漆喷出适当颜色，晾干，在表面勾出窗口及其他结构装饰线，完成最后调整，如图1-152、图1-153所示。

⑩ 将飞机部分和背景部分进行拼组，完成。

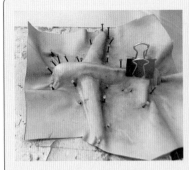
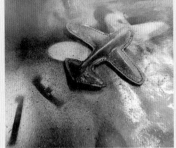

图1-151 《向往和平1》步骤图（四）　图1-152 《向往和平1》步骤图（五）　图1-153 《向往和平1》步骤图（六）

2. "战争"系列《向往和平2》（图1-154）

（1）材料准备

植鞣革、印花工具、彩色喷漆、强力胶、铁头描笔、旋转刻刀、蜡线、手缝针。

（2）作品解读

这件作品分为四个层次，分别是最前面人物、中间人物、后面人物轮廓及背景。用色彩关系和皮艺技法的混合使用来展现画面层次感。前面的人物塑造使用了皮雕工艺和染色工艺，因其处于前景位

图1-154 《向往和平2》（作者：李鑫阳/指导：王淼、祁子芮）

置，所以颜色较深，同时，背景人物颜色较浅，这样的色彩运用符合前实后虚这一视觉规律。中间人物是整件作品的视觉中心，因此无论是造型还是技法运用都更为丰富具体。这一部分用到的技法包括皮革染色、填棉、皮雕和皮革拼贴。由上及下，人物帽子部分使用的是填棉工艺，头部和脸部运用的是皮雕和染色工艺，服饰部分运用的是皮革拼贴工艺。后面人物与背景则是整个作品的最远空间，因此颜色较浅，技法运用也相对简单，只用到了染色和皮雕工艺。通过这样有节奏感的安排，整件作品完整度和层次感都很足。

3. "战争"系列3《枪与子弹》（图1-155）

（1）材料准备

植鞣革、印花工具、彩色喷漆、强力胶、铁头描笔、美工刀、TPU、打印好的图片、木质薄片、皮绳。

（2）作品解读

灵感来源于反战海报，子弹部分是人的标志，体现战争消耗人类自身这一主题。该作品运用了皮革染色和皮革拼贴的工艺。

这件作品主要分为三个层次，分别是枪支、子

图1-155 《枪与子弹》（作者：李鑫阳/指导：王淼、祁子芮）

弹和背景。枪支部分使用植鞣革和薄质木片两种材质，将枪支打散重构，切割成单元片状，再重新组装。枪支喷涂成黑色，体现出武器的冰冷。在制作过程中，特意将枪支扳机这一部分抹去，来呼应反战这一理念。子弹部分则是利用人形子弹这一视觉元素来讽刺战争。弹匣使用TPU材料，有强调讽刺的意味，同时使作品更具当代艺术感。背景部分用的是皮革的肉面，因为肉面的颗粒感可以更好地营造战争中浑浊的氛围。同时，红色的背景也和战争中伤亡的颜色更为贴切。

第四节　皮革艺术常用工具和化工材料

"工欲善其事，必先利其器"，一个好的皮革艺术品的创作离不开好的工具，手工皮艺种类繁多，除皮革工艺的专业工具外也会用到生活中的许多工具，在这里建议初学者可以先从基础的工具开始。在本书中出现的工具和使用方式由北京皮工坊商贸有限责任公司提供，选择较为基础且具有代表性的工具在此进行介绍。

一、便携基础材料包

最方便的当属DIY组合套装，套装可以分为唐草入门套装和手缝套装。

1. 唐草入门新手套装

套装包里有旋转刻刀、描笔和 8 支印花工具（A104、B198、B200、C431、P206、S705、V407、U710），如图1-156所示。

图1-156　唐草入门新手套装

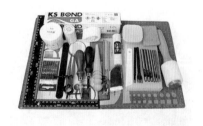

图1-157　手缝套装

2. 手缝套装

套装包里有间距规、圆孔冲、手缝针、研磨片、挖槽器、曲尺、去胶片、菱斩、手缝线、线蜡、上胶片、强力胶、削边器、切割垫板、尼龙锤、肉面处理剂、裁皮刀、削薄刀、打磨圆木棒、打孔垫板，如图1-157所示。

二、不同类别的工具介绍

1. 雕花工具

（1）皮雕锤

图1-158 木制皮雕槌

皮雕木槌采用的木材为电木（也称胶木），电木的特性是不吸水、不导电、抗冲击、耐磨损，具有一定的防化学性能，改变了以往皮雕木槌使用久了以后开裂掉渣等问题，皮雕电木槌经久耐用，是做皮雕的基本配置（图1-158）。

图1-159 尼龙皮雕锤

圆形尼龙皮雕锤，专门为皮雕手艺人设计（图1-159），更容易施力，耐久敲打，可以用于各种角度的敲打，使用舒适。有各种重量规格的，可以根据自己的习惯选择。

（2）垫板

图1-160 大理石板

制作皮雕时，在皮革下面要垫大理石板（图1-160）。大理石材质坚硬，能使印花纹路更清晰，而且有降低噪声的功能。

图1-161 塑胶打孔垫板

在用菱斩或冲子在皮革上打孔时，需使用塑胶垫板垫在皮革下面（图1-161）。塑胶打孔垫板能够充分保护菱斩或冲子的刃部，延长工具的使用寿命，并且保护工作桌面。

图1-162 裁切垫板

裁切皮革时，垫在皮革下面的板（图1-162）。裁切垫板有弹性和韧性，刀划出来的较浅的痕迹会"自愈消失"，既保护工作桌面，又保护刀具的刃口。

（3）间距规

间距规主要的用途是画出皮具边缘缝线的位置，也可用于测量确定打孔的位置等，有的间距规尖部比较锋利，可用砂纸稍微打磨一下（图1-163）。

图1-163 间距规

（4）旋转刻刀

图1-164　旋转刻刀

在进行皮雕时，旋转刻刀是极其重要的工具，刀杆有不同粗细，刀头也有不同尺寸（图1-164）。可以根据自己的习惯选择。使用时，食指第一节放在托肩上，拇指和其他三指握住杆部。刀锋与皮面成垂直进行雕刻，旋转杆部可以调整控制线条方向。

（5）印花工具

图1-165　印花工具

印花工具图案繁多（图1-165），可以根据自己雕刻的风格及图案来选择所需要的花型。

2. 裁切皮革的工具

（1）裁皮刀

图1-166　裁皮刀

顾名思义，主要是用来裁切皮革，也可用于皮革边缘的削薄。裁皮刀需要经常研磨才能保持锋利（图1-166）。

图1-167　换刃式裁皮刀

换刃式裁皮刀使用的是研磨好的刀片（图1-167），主要是切割皮革用。特点是刀片可以更换。

（2）美工刀

图1-168　美工刀

美工刀适合裁切比较薄的皮革以及纸板，是不可或缺的工具（图1-168）。

（3）皮革专用剪刀

图1-169　皮革专用剪刀

这种剪刀钢材坚硬，刀刃异常锋利（图1-169），可以用于裁剪皮革、剪线。但是，并不适合太厚的皮革。

（4）皮革切割器

可用于裁切任意宽度的皮带条或背包的肩带。先将皮革裁出一个直边，然后用皮带切割器沿着直边裁切带条，省时省力（图1-170）。

图1-170　皮带切割器

3. 黏合剂

（1）白胶

图1-171　白胶

白胶属于白色水溶性黏合剂（图1-171）。无味，环保，有100号（慢干型）和600号（速干型）两种。适合黏合皮革、纸制品、布、木制品等。涂在两片皮革上，在胶没全干之前把两片皮革互相黏合，然后施力压合几分钟。也可在手缝麻线收线时点一点胶在线上，防止线头开线。

（2）强力胶

图1-172　强力胶

强力胶在皮革作业中被较广泛使用（图1-172），适用于皮革、橡胶、塑料、金属、布等。涂抹在需要黏合皮革的双面（皮革需要打起毛），待几分钟后胶不沾手时再将双面施力黏合，特点是操作方便。

4. 皮革塑形工具

（1）压擦器

主要用于皮雕造型和细节部分雕塑造型，修整外形轮廓，人物、动物的眼部线条等细部以及皮塑的造型刻画等。压擦器有大、中、小不同型号（图1-173），可以根据图案需求选择。

图1-173　压擦器

（2）加强挑边工具

图1-174　加强挑边工具

在皮雕中，加强挑边工具的底部斜面做得更薄一些，压下的皮革面比较窄一些，挑边头能够像薄薄的刀刃一样插入皮革，在叶片或者花瓣中圆形凹进去的地方敲进去，将下面的皮打凹压低，抬起来的时候将上面的皮革挑高。从而塑造出叶片和花瓣高低起伏的立体感。

（3）骨质塑形修边工具

图1-175　骨质整形修边工具

常常用于皮革的塑形，修整皮边。修边工具一般使用牛骨制作，经过打磨抛光后，致密光滑（图1-175）。所以使用时不会划伤皮革。

5. 凿孔工具

（1）菱斩

图1-176　菱斩

菱斩，在手工皮具制作中，可谓不可或缺的工具（图1-176）。缝合前，用菱斩打出缝合的菱形孔；缝合后，手缝线迹会有一定的倾斜角度，体现出手缝的美。单齿用来打直角拐弯位置的孔，两齿用来打拐弯有弧度位置的孔，多齿用来打直线的孔。打孔前在皮革下面要垫好打孔垫板，保护斩尖不会扎到桌面或其他硬物而受损。

（2）菱锥

图1-177　菱锥

菱锥（图1-177）一般会配合菱斩使用，在较厚的皮革上打斩，菱斩孔会比较大，可以先用菱斩打一半深度，然后用菱锥扎透。有些位置不方便用菱斩打孔时，用菱锥会很方便。

（3）圆孔斩

图1-178　圆孔斩

圆孔斩在皮具制作中也是必备工具（图1-178）。从皮带孔到各类铆钉、气眼、四合扣、圆头金属扣、皮包带扣用的孔都需要使用圆孔斩。打孔时皮革下面也要垫上打孔垫板，保护刀刃。

（4）皮带尾斩

图1-179　皮带尾斩

　　皮带尾斩通常有V形和半圆形两种（图1-179）。通过敲打尾斩手柄，皮带尾斩的刃口能够切出非常工整的V形或半圆形，比手工一次一次地裁切更加整齐完美，弧度标准，制作皮带节省时间。

（5）圆头矩形冲子

图1-180　圆头矩形冲子

　　圆头矩形冲子（图1-180），可用于皮带或肩带上安装金属扣时打孔，在皮具上安装五金配件时也会用到。

6. 缝合工具

（1）手缝针

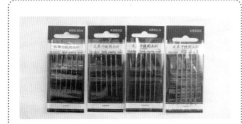

图1-181　手缝针

　　皮具手缝皮革专用针（图1-181）的针鼻和针身一样粗细，针鼻较长，有利于线的穿通。针是圆头，不扎手，也不会缝合时扎在线上，比较安全。手缝针有不同型号，可根据习惯选择。

（2）手缝线

图1-182　手缝线

　　手缝线分麻线和尼龙线两大类（图1-182）。
　　手缝麻线用天然麻制作，缝合前需要先用蜡处理使麻线平滑、不会起毛分叉，缝合线迹美观漂亮。
　　尼龙线的优点是更结实，缝合收线尾时可以烧结处理。

（3）线蜡

　　使用麻线或者蜡线之前，用线蜡（图1-183）在线上摩擦上蜡，蜡能够润泽麻线，使缝合皮革更容易。麻线反复在皮革孔内穿过，蜡会被摩擦掉，麻线也会起毛，所以，还需要经常将麻线在线蜡上擦蜡。线蜡也可用于工具的润滑，比如菱斩、冲子类经常需要插拔的工具，蜡能够润滑工具，使工具容易穿透皮革，是手缝必备材料。

图1-183　线蜡

（4）手缝木夹

做皮具手工缝合时使用手缝木夹（图1-184），可以解放两只手，使缝线更轻松。木夹放到凳子上，将要缝合的皮革放在木夹上，然后人坐在木夹上，就可以两只手轻松地缝线了。

图1-184　手缝木夹

7. 打磨工具与调整工具

（1）打磨木棒

图1-185　打磨木棒

打磨木棒是修整和处理皮革边缘的手工工具（图1-185）。皮边涂上处理剂后，可以使皮边在木棒凹槽里快速来回地移动摩擦和修磨皮革边缘。能磨平皮边，给皮边抛光。不同宽度的凹槽适合不同厚度的皮革。

（2）三角磨边器

图1-186　三角磨边器

磨边器表面为金属材质（图1-186），可用于皮革、木材、橡胶塑料等材料的打磨。独特的造型可以用于凹面的打磨和修整打磨皮革边缘，也可以用于使皮革起毛然后黏合。

（3）玻璃板

图1-187　玻璃板

玻璃板（图1-187）一般用于处理皮革肉面。先将皮革肉面处理剂涂抹到皮肉面，然后用玻璃板侧边用力摩擦皮革肉面，能够将皮革肉面研磨得平整光滑。也可以在削薄皮革时作为垫板使用，避免锋利的刀片将底板削下来，也利于保护刀片，使刀片使用寿命更长。

（4）表面处理剂

表面处理剂用于涂在皮革的肉面或者侧边，在半干状态时用打磨木棒反复推磨，可使粗糙的皮革纤维平顺光滑。这是皮具制作处理皮边或肉面最广泛应用的处理剂。

ＣＭＣ为白色粉末，使用时，将大约10g CMC粉末加大约200mL的热水中搅拌成稀糊状。可自己调节浓稠度。CMC价格便宜，适合新手使用。

图1-188　表面处理剂

8. 处理皮边的工具

（1）削边器

图1-189　削边器

　　裁切后的皮革边缘是一个直角，用削边器将棱角削掉，得到圆滑的皮边，然后用皮革肉面处理剂修整研磨后的皮革边缘，提高整个皮具的美观度。削边器有不同型号（图1-189），可以根据皮革的厚度来选择型号。

（2）研磨片

图1-190　研磨片

　　研磨片（图1-190）可以修整打磨皮革边缘，也可以用于使皮革起毛。价格便宜，适合新手。

（3）皮边油

图1-191　皮边油

　　皮边油（图1-191）一般用于较软的铬鞣革，将皮边油涂在皮边上，干燥后打磨平整，然后再涂一遍皮边油，如果皮边不平整还可以打磨掉再涂，再打磨，多重复做几次。直到满意为止。皮边油颜色丰富，美中不足的是质量不好的皮边油时间长了会开裂或直接脱落。

（4）磨边蜡

图1-192　磨边蜡

　　磨边蜡（图1-192）通常用在皮革边缘。将磨边蜡擦在皮革边缘上，加热后用布来回摩擦，使边缘产生光泽，让皮边更圆滑、饱满并有防水的作用。

9. 染色工具

（1）糊染剂

　　糊染剂一般为粉末状（图1-193），需要用水溶解，一般比例为1:50（g），彻底搅拌均匀直至粉末完全融化，没有白点。配好的糊染液放到平整的盛盘内，用保鲜膜覆盖，最好放置10h左右。把皮革表面用皮雕海绵擦湿。把盐基染料滴入已经融化好的糊染液中，用一根棍子画出自己想要的图案、肌理效果。皮革表面覆盖于染液上面2~5min，揭起，用刮板刮干净膏状糊染剂，再用清水冲洗干净，晾干皮革即可。

图1-193　大理石糊染剂

（2）酒精性染剂

图1-194　酒精性染剂

　　属于水性染料（图1-194），颜色丰富，沉稳大方。适用于大面积皮革染色或皮革彩绘。由于颜色浓度较高，可以用水或酒精稀释后使用。酒精性染料抗光性比较好。

（3）盐基性染料

图1-195　盐基性染料

　　盐基性染料也就是碱性染料（图1-195）。它的特点是色泽鲜艳，有瑰丽的荧光，而且着色力很强，用很少量的染料即可得到深而浓艳的色泽，可以直接用水稀释。一般常用于彩绘。但是色牢度及耐光性差。

（4）油性染剂

图1-196　油性染剂

　　在皮革雕刻后，用油染刷涂饰油性染剂（图1-196），再用针织棉布擦去表面的颜料，凹陷部分将会剩留染料，可以凸显印花工具雕刻后的立体感，使其效果更具浮雕感。不雕刻的皮革使用油性染剂后，会使皮革产生复古效果。

（5）丙烯类颜料

图1-197　管装染料

　　皮革上使用的管装染料（图1-197），一般属于丙烯类颜料。颜色漂亮细密，能够在皮革表明形成一层皮膜，具有不透明性，是可遮盖的速干型手绘皮革颜料。

　　可以用水稀释丙烯类颜料，也可以用颜料溶解液稀释至合适浓度，可以直接和水性酒精染料、水性盐基染料调和在一起，但是不要涂得太厚，否则容易脱落。

（6）皮革防染剂

图1-198　皮革防染剂

　　皮雕后使用皮革防染剂（图1-198），可在皮革表面形成一层薄膜，在用油染剂着色时防止颜色染深。涂防染剂做防染的部位会保留淡淡的一层油染颜色，看上去整体感比较和谐统一。

　　可全部或将局部需要浅色的部分涂上防染剂，布擦涂为2~3遍，笔涂则1遍，待干后静置0.5~1h。防染静置时间长则防染效果更好，一定要等防染干透后再进行油染。

（7）牛脚油

　　牛脚油是由牛脚上的脂肪萃取的油品（图1-199），不但可以给皮革补充油脂，还可以延长皮革的使用寿命。由于皮革进行皮雕时反复回水，使皮革油脂流失，所以皮雕后最好用牛脚油补充油脂。植鞣革涂抹牛脚油后，会加速植鞣革的颜色变深。涂抹牛脚油最好使用羊羔皮块（图1-200）。

　　将牛脚油倒在羊羔皮块上，轻轻揉动皮块，让牛脚油渗透到皮毛里，然后把油涂抹在皮革上，可以利用不同的压力，控制油脂涂抹的量。

图1-199　牛脚油　　　　　　　　图1-200　羊羔皮块

10．其他工具和化工材料

（1）削薄器

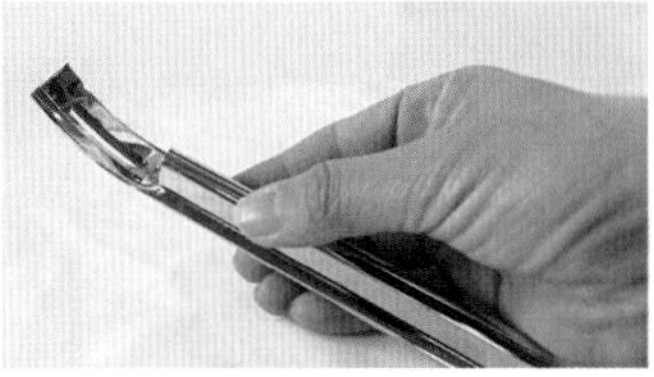

图1-201　削薄器

　　削薄器用来削薄皮革缝合边缘的厚度，不用担心削得太深，刀片薄而锋利（图1-201）。削薄时刀片保持一定的角度，使皮革厚度有保证。

（2）边线器

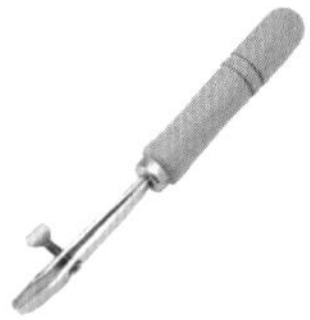

图1-202　边线器

　　皮革边线器（图1-202），一般可以调节宽度，在植鞣皮革上压出精致的缝合边线，然后用菱斩按照边线打孔再进行缝合。也可以用来压出皮革边缘的装饰线，比如钱夹里的装饰边线，这是皮革制品常用的装饰手法。加上装饰线后，皮革边缘会显得高雅细致。在植鞣革上需要压线的部位先擦上水，会容易压边线。

（3）间距轮

　　间距轮（图1-203）可在皮革上划出等距离的点，即使是做曲线时也可以使针距走向一致，清晰地标示出缝线孔的位置。另附有大小不同的轮轴，有3、4、5、6mm四个间距的替换轮。可以和菱斩或菱锥配合使用。

图1-203　间距轮

（4）上胶片

图1-204　上胶片

　　用于在皮革上刮涂黄胶、白胶。上胶片（图1-204）前面的斜三角形的角度设计符合人体工程学，适合手握的角度，薄而有弹性的塑料，使得用力时的力度正好，能将胶水刮得薄，全部刮平，节约胶水，使用时手感舒适方便。

（5）软化剂

图1-205　软化剂

　　将软化剂（图1-205）涂抹于皮革肉面，使其渗透进皮革，能够促使皮革软化。

（6）硬化剂

图1-206　硬化剂

　　将硬化剂（图1-206）涂抹在皮革肉面，其渗透进皮革后使皮革纤维硬化。一般用于皮革塑形定型。

（7）皮革保护定色剂

图1-207　皮革保护定色剂

　　在皮革染色后，涂上皮革保护定色剂（图1-207），帮助皮革定色并增强颜色的鲜艳度。用棉布蘸取定色剂，均匀平涂在皮革表面即可。

（8）挖沟器

图1-208　挖沟器

　　通常用作手缝线的挖槽工具，将挖槽器（图1-208）刀片从皮革边缘上划过，出现一个半圆的槽沟。然后在沟槽内用菱斩打孔，缝合时手缝线会陷在凹槽内，手缝线不容易磨脏、磨断。

（9）毛刷

图1-209　毛刷

　　毛刷（图1-209）属于染色工具，专用于皮雕油染，宽度有多种尺寸，根据自己需要选择对应的尺寸，使用后用清水清洗毛刷。

第二章
皮革艺术设计与训练

第一节　皮雕形式的手工皮艺

一、课程要求

📝 **课题名称**

　　皮雕形式的手工皮艺设计

▤ **课程内容**

　　①以唐草纹为例，学习传统皮雕技艺技法；②根据设计命题，综合运用皮雕技艺进行创意设计与表达。

◁ **项目时间**

　　32学时

➡ **训练目的**

　　以植鞣革皮雕工艺基础知识为导向的皮艺课程，主要以学习本色植鞣革的传统手工皮艺及技艺再创新为目标。通过该课题的训练，学生充分了解皮雕作品制作的全过程，掌握皮雕作品制作的方法与设计流程，能够独立完成皮雕作品的设计与制作，同时，能够根据设计主题，灵活应用皮雕技艺，主要体现在：

　　① 从理论和实践两个方面了解并掌握基础的传统手工皮艺——雕饰。

　　② 通过传统手工皮艺的学习与实践，培养学生对材质的艺术感觉、审美品位以及对皮革材质的图案组织能力的感知。

◎ **作业要求：**

　　重点：感受、探索、实践、创新多元的皮艺风格，学习皮艺的基本技艺——雕饰。

　　难点：在皮艺创作中如何表现出自己的创意思维。由皮革材料的多思维启发到实际操作过程的落实，再用已有的技艺为起点创造出新的技艺，找到属于自己的皮艺表达观点。

🔳 **项目作业：**

　　（1）手工艺体验

　　教师示范皮料裁断、雕刻、手工染色、手工缝制等雕饰技艺。学生以小组形式进行学习，同时进行实践，每人需做一个雕花钥匙包。

　　（2）设计创作阶段

　　对所学技法和技艺通过制作进行实践与创新。在实践创作的过程中，对已有的技法和技艺，大家可根据自己需要进行改造，从而融会贯通，制作以皮雕技艺为主的命题设计。

二、皮雕形式的手工皮艺基础知识

皮雕即是以皮革为雕刻材料的一种雕刻工艺，一般选用质地细密坚韧、不易变形的天然皮革进行创作，多为植鞣革。皮雕及其艺术风格复古优美，在进行皮雕时，对于皮革的选择相当重要，不同的皮革展现不同的皮雕魅力。一般来说，羊皮较细致柔软，更多地应用在皮包或服饰配件中；猪皮透气性好，有明显的"品"字形毛孔，企业更喜欢将其用作鞋、箱包的里子或一般的皮件；而牛皮具有细致的纹理和毛孔，其柔软及强韧的特性是皮雕材质之最佳选择。但不是所有的牛皮都可以作为皮雕的材料，最好是优质的黄牛头层植鞣革。在皮雕中，大部分的选择都是本色植鞣革，根据所雕刻和造型物件的不同，选取植鞣革的厚度也大不相同。

（一）常见的皮雕花纹样式及产品种类

1．常见的皮雕花纹样式

（1）简单雕花唐草花纹案例分析

如图2-1唐草花纹是皮雕花中最常见、最常用、最基础、最典型的纹样。唐草花纹属于卷草纹，流行非常广泛，而且具有较强的装饰性。在纹样的发展过程中，形成了不同的唐草花纹雕刻风格，比如史东门风格、谢里丹风格、日式风格、加州风格等。但无论哪种风格，唐草花纹都会出现圆形、贝塞尔曲线、阿基米德曲线等，而且唐草花纹大多数会以适合纹样的形式出现在皮具上。

图2-1　唐草花纹

如图2-2是一款较为简单的唐草花纹长钱夹，包面花朵突出，而且在花芯的位置还镶嵌了绿松石，使得色彩更加鲜艳明快。

（2）复杂谢里丹风格花纹案例分析

谢里丹风格花纹起源于美国怀俄明州的马具装饰图案，以从业者所在的地名命名。谢里丹风格花纹的作品，通常表面都会被花纹铺满，即使

图2-2　唐草花纹长钱夹（祁子芮）

一些不重要的地方，也会选用编织纹或者铠甲纹加以装饰。而且，谢里丹风格创始人唐纳德·金的孙子巴里·金创造了风格独有的印花工具，使得这一风格广泛流传。

图2-3是迷虫皮艺工作室的皮雕作品，可以看到，整个包面布满谢里丹风格的花纹，甚至是包底部。让观者深深地被繁复的花纹吸引。谢里丹风格重点是设计图案婉转优美，自然顺畅，切不可生硬顿挫。留底要均匀适中，面积不要过大。

2. 常见的皮雕产品种类

手工皮雕类产品种类繁多。按图案形态分可以分为唐草、谢里丹风格等花纹纹饰类皮雕、写实人物类皮雕、写实动物类皮雕（图2-4至图2-6）等；按照其功能用途分，可以分为实用性的皮雕产品和装饰性的皮雕产品，

图2-3　谢里丹雕花皮包（迷虫皮艺）

其中实用性的皮雕产品包括皮雕卡包、皮雕钥匙包、皮雕背包（图2-7）、皮雕饰品、皮雕马鞍（图2-8）、皮雕钱包（图2-9）等；装饰性的皮雕产品则以装饰画为主。

图2-4（左）　皮雕铅笔写实性动物皮雕笔袋（藤田一贵　日本）
图2-5（右）　写实人物皮雕（迷虫皮艺　中国）

图2-6（左1）　写实性动物皮雕
图2-7（左2）　皮雕背包（酷猫　中国台湾）
图2-8（左3）　皮雕马鞍（迷虫皮艺　中国）
图2-9（左4）　皮雕钱包（RABBY.QI工作室　中国）

（二）皮雕形式手工皮艺设计要求

皮雕作品的设计与制作重点很大一部分在于雕刻技法的掌握，具体雕刻的步骤在第一章节中有所介绍，在这里需提醒初学者以下几点：

1. 裁皮刀使用注意事项

① 裁皮刀的握法：以右手握刀为例，反握裁皮刀，让刀刃口朝左，大拇指竖起推在刀柄尾端，如图2-10所示。

图2-10　裁皮刀的握法

② 裁切：在裁切时，使刀刃面垂直于皮面。裁切直线时，刀刃稍微抬起一些，然后水平往后拉，如图2-11所示。注意用力要均匀，要对刀有控制。扶着皮料的左手不要在刀刃要裁切的方向上。

图2-11　裁切

③ 切圆角：在裁切圆角时，既可以通过多刀组合的技法将边缘修饰圆润，也可以将刀刃抬高用刀尖直接切掉圆角，如图2-12所示。

图2-12　切圆角

2. 菱斩使用注意事项

① 拿斩：大拇指放在斩腰上，小拇指抵着斩尖，其余指头等分握稳即可，如图2-13所示。

图2-13　拿斩

② 打斩：斩齿要保持和皮面垂直（图2-14），在皮革非常厚的情况下，为了斩孔的美观和斩孔大小的一致，打斩时斩齿不需要穿透皮革，只需要在皮革留下斩位，然后用锥子（菱锥、法锥、圆锥）来穿透皮子，如图2-15所示。

图2-14　斩齿要保持和皮面垂直

图2-15　用锥子打穿皮革

3. 旋转刻刀使用注意事项

要随时保持刀体垂直于皮面，这样刀线才能够自然流畅，如图2-16所示。

图2-16　旋转刻刀的使用

4. 印花工具使用注意事项

在做印花时，一是要尽量保持印花工具与皮面的垂直，二是要掌控每一次打印力度的大小，需要力度一致时则一致，需要出现渐变时则力度渐变。有些要求效果清晰的花纹需要一下一下地敲打印花工具，有些要求效果模糊的花纹可以连续移动印花工具进行快速敲打。

5. 染色注意事项

皮雕作品的染色也是有一定难度的，要根据皮面的干湿程度、粗糙细腻程度有些小的变化。染色不能过于着急，有些地方一定是由浅入深；基础染色完成后，防染一步一定要等待皮料完全干了，再进行油染，否则容易染脏皮面。如果皮革过于干燥无光了，则在染色前补充油脂，待皮革充分吸收后再进行染色，这样染出的皮革表面才会更有光泽，染色详见项目一的手缝皮雕钥匙包的染色步骤。

三、具体案例的图像分析及创作步骤分析

1. 案例1 ——藤田一贵箱猫作品案例分析

藤田一贵是日本的一位手工皮具大师，除了雕刻一般的唐草花纹，他更加偏爱动物、人物的塑形与雕刻，表达效果细腻、生动，充满生活情趣。《箱猫》，是一件技术与艺术结合得非常好的皮雕作品。运用皮雕中塑形的基本方法，将猫的好奇动态活灵活现地表现出来，并与储物盒子的侧面结构相结合，做出椭圆形的空间感，让欣赏者不经意间寻到一处有趣的所在。此储物盒内里选用深红色的猪皮，提高了作品整体的档次。另外制作皮塑动物中也有很多技巧需要大家注意，下面将《箱猫》的具体制作步骤介绍给大家：

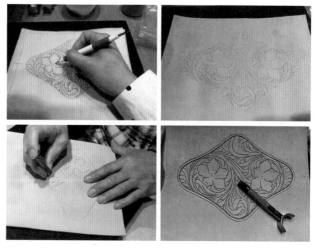

图2-17　制作雕花箱体（图案转印—刀线）

（1）制作雕花箱体

包括设计箱体盖面的雕花图案。选择一块植鞣革，打湿，用硫酸纸、铁笔将图案转拓在植鞣革上，并用旋转刻刀雕刻好刀线，对雕花部分进行细致刻画，制作印花，箱体雕刻完成后，进行染色（图2-17至图2-19）。

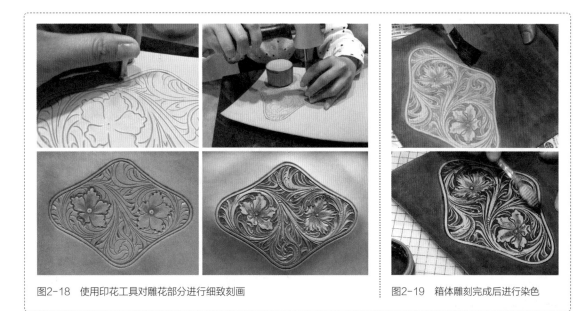

图2-18　使用印花工具对雕花部分进行细致刻画

图2-19　箱体雕刻完成后进行染色

（2）制作皮塑猫部件

按照猫头骨结构制作猫的头部支撑部分（图2-20）。将各部件粘贴好后要用刀把棱角部分铲削得圆滑一些。

然后将猫头部的支撑部件粘在衬板上，并将雕刻好的猫眼按照部位对应粘好，用压擦笔在正面进行具体刻画（图2-21）。

猫头部的细节都刻画好后，进行上色。注意猫的毛要一根一根地刻画，而且有长短区别。要多观察猫的实际样貌。给猫头上色可用丙烯颜料，尤其是猫的眼睛，使用带有荧光效果的丙烯颜料，会使猫眼更加生动（图2-22）。

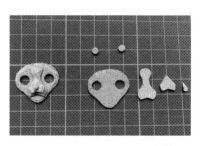

图2-20　皮塑猫部件

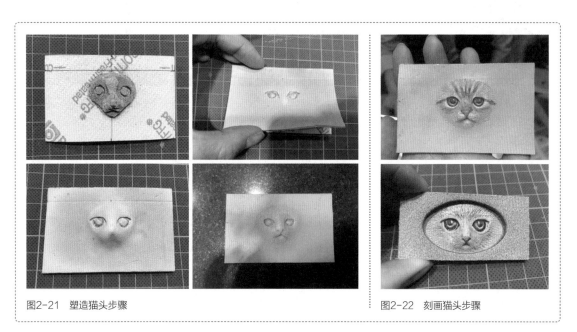

图2-21　塑造猫头步骤

图2-22　刻画猫头步骤

（3）组合储物盒内部各部件

先把植鞣革需要弯折的地方在肉面开槽，然后将需要缝合的部位都用菱斩打好孔。黏合辅料、内里，最后再将内里与植鞣革黏合好（图2-23）。

（4）作品完成

缝合储物盒，完成《箱猫》的制作（图2-24），《箱猫》成品如图2-25所示。

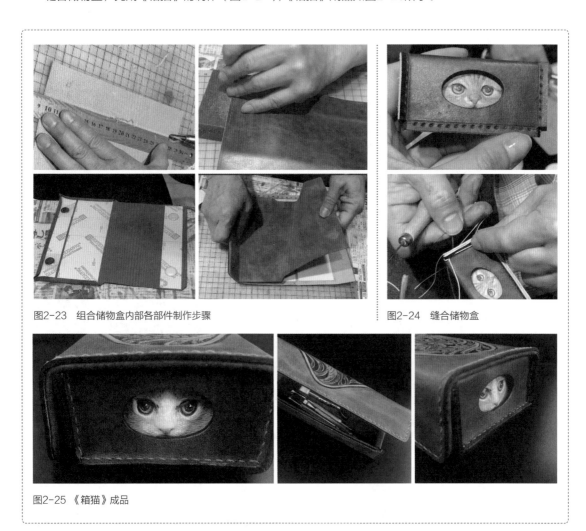

图2-23 组合储物盒内部各部件制作步骤

图2-24 缝合储物盒

图2-25 《箱猫》成品

2. 案例 2 ——《盛开系列》长款卡包案例分析（RABBY.QI 工作室皮雕花卡包作品）

这个系列作品以卡包为设计核心，结合皮雕花这一装饰艺术手法，以适合的纹样为雕刻内容，整个系列为从唐草花纹到其他植物的变形设计，在卡包包面上营造一个复古繁茂的氛围（图2-26）。经过测量得知常用卡片尺寸为8.5cm×5.4cm×0.8cm，要围绕此尺寸进行长包打板设计，需要注意的是，皮革的厚度及软硬程度、卡片的总厚度，都会影响卡位的余量数值；缝制工艺也会影响样板的放量尺寸。

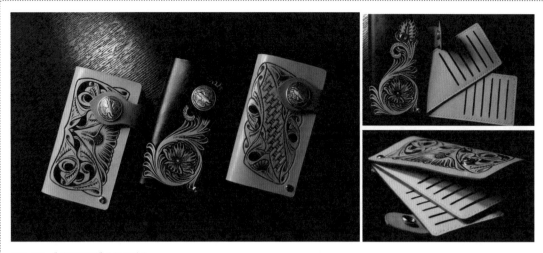

图2-26 《盛开系列》(祁子芮)

（1）植鞣革本色、雕花图案的运用

植鞣革本身有着非常美丽的皮本色，而且本色还会随着时间的流逝而发生越来越深的变化，皮雕花作品经常会利用植鞣革的这一特点进行设计制作。有些凹面染成深色，浅色的部分就留为皮革本色。运用天然皮革的自身特点体现出自然美。雕花的图案要适合我们要展现的体面，这样才能起到丰富表现力的作用，而且雕刻的内容要不断探索变化。

（2）五金配件的运用

手工制作卡包，很多时候都要有合适的五金配件进行安装运用。这个系列卡包运用了装饰扣和工字螺丝钉。

四、项目过程与实施

项目一 雕花钥匙包设计与制作

皮雕唐草花纹是皮雕花纹中最为基础的花纹，在此项目环节中借助雕刻唐草花纹钥匙包的制作（图2-27），学生们能够了解皮雕的工具使用、技艺技法、步骤实施。由于传统皮雕花纹有其固定的步骤及方法，建议在本环节中所有同学都先按步骤学习制作一个传统的皮雕制品，掌握好皮雕方法，之后再做设计延展。在此，我们选用雕花钥匙包作为学习的对象，可以分为3个阶段进行制作，分别是：唐草花纹雕花、染色润饰、缝合安装五金件。

图2-27 皮雕钥匙包

1．唐草花纹雕花

（1）唐草花纹雕花步骤

① 用喷壶喷水使本色植鞣革潮湿，不可过湿或过干，皮革的背面隐约能看见水渗过来就可以，并给皮革的背面贴上背胶纸，以防止植鞣革在雕饰打印的过程中变形（图2-28）。

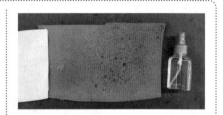

图2-28　使皮革潮湿

图2-29　按照图纸的线型描画

② 将图纸覆在潮湿的植鞣革上，并用铁笔（没水的圆珠笔或圆头锥子，一切较尖且不会划伤纸面的物品都可以使用）按照图纸的线型进行描画（图2-29）。

③ 刻刀线。需要裁切的皮革最外圈不要刻刀线。刀倾斜与皮革表面形成45°角，小心地将花纹刻出来（图2-30）。要注意，由于内外弧度差的缘故，转角处两条刀线不可能都是连续的，不过没关系，接下来印花会使断点处隐藏起来。

  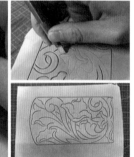

图2-30　刻刀线

图2-31　对刀线打边

④ 用印花工具B198对所有刀线进行打边，要注意打边时印花工具需垂直竖立随着刀线进行移动。随着刀线所在位置的不同，敲打力度有所变化，基本上前面对比强、敲打力度大，后面对比弱、敲打力度相比较小一些（图2-31）。

先从花瓣上面的刀线开始打边，下面的刀线后打边，其次是对卷形装饰线和叶子进行打边。

⑤ 使用印花工具A104进行背景印花。将印花工具沿着切割线从四周开始垂直打边，不要留下空隙，印花工具也要随着线条改变方向。印花和切割线不能离得太开或者有交错，否则会使切割线看起来不美观，所以需要在切割线边缘的地方打边。

四周打边一圈后，剩下的中心部分从边缘开始打边。在这一步，对印花工具重复敲打也没有关系（图2-32）。

图2-32　做背景印花

图2-33　背景印花敲打完成图　　图2-34　固定皮革

⑥ 花卉和卷形叶子装饰的空隙全都用印花工具做完背景后，在背景印花工具打印过的地方，皮革颜色明显变深，深度也增加了（图2-33）。

注意，在用印花工具打印时，可以在桌面上放一块大理石板，并用铅坨压住皮革，这时候印花的印记会更加清晰，同时在打印过程中皮革雕刻品也不容易移动（图2-34）。

⑦ 运用修饰印花工具C431给花瓣、叶脉等部分加上纹理。这时候，可以通过调整敲打印花工具的力度来调节花纹的深浅度，还可以通过调整印花工具与皮革的角度进行调整，所表现出的花纹各不相同（图2-35）。

首先，将印花工具凹进去的部分对着自己（图2-36），沿着卷形叶子装饰的根部到漩涡的中心，配合卷形叶子装饰的曲线，一边倾斜印花工具，一边旋转敲打。

在打印花瓣的修饰印花纹理时，印花工具要紧紧的贴在皮革上，从根部往花瓣扩大的部分呈放射状进行敲打（图2-37）。

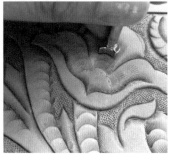
图2-35　敲打花瓣纹理　　　图2-36　倾斜印花工具敲打

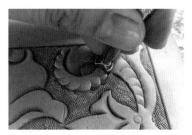
图2-37　打印花瓣的修饰印花纹理

⑧ 利用印花工具P206，表现花瓣、卷形叶子等凹凸阴影，使其立体感更加强烈（图2-38）。

在敲打花瓣时，阴影印花工具要贴在花瓣扩大的部分上，往花心的方向打。这是要注意不可以与刀线重叠，在打印的过程中需边打印边停下来琢磨其均衡感。

在敲打卷形叶子时，印花工具比较狭窄的一面冲着自己，沿着弯曲的叶片一边流畅地滑动印花工具一边敲打。在顺着根部方向移动时，敲打力度渐渐变小（图2-39）。

图2-40 打印叶脉

⑨ 叶脉印花工具V407花型呈月牙形状，用于制作叶脉、花瓣、收边，在使用过程中要将印花工具倾斜，只用印花工具的一半来打印（图2-40）。

图2-38 打印阴影　　图2-39 打印卷形叶子阴影

⑩ 叶脉收边印花工具U710又被誉为"骡马的脚"，是在收边后连续使用的印花工具。这时要注意，过度用力敲打会把皮革打穿。

使用叶脉收边印花工具时将尖尖的部位朝向自己，慢慢地倾斜印花工具，敲打完一下往前移动一点，随之印花工具也要更加倾斜一些，如此印花的痕迹会随着慢慢缩小，所以，敲打的力度也要慢慢减弱（图2-41）。印花的间隔不要太大，图案才能漂亮，具体敲打的次数和敲打力度的大小取决于个人的喜好。

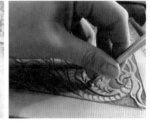
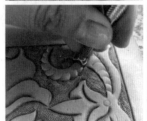

图2-41 对叶脉进行收边

⑪ 花蕊印花工具S705用于打印花蕊或漩涡的中心，要注意控制敲打力度，过度用力会打穿皮革。

配合刀线的高低差，沿着轮廓往中心打印，花心与花心之间不要留下空隙，一个接着一个紧密地打印，但是不要重叠打印（图2-42）。

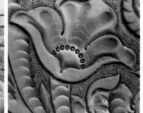

图2-42 打印花蕊

⑫ 最后的修饰也是雕刻这一工作最后的润色阶段，利用旋转刻刀有韵律地加上装饰性的刀线（图2-43）。由于这一步要求快速、利索，所以在开始前需要确认旋转刻刀的锋利度，并使皮革充分湿润呈现出柔软的状态。

图2-43　修饰刀线

（2）印花工具型号

以上各步骤所用印花工具的型号如图2-44所示：

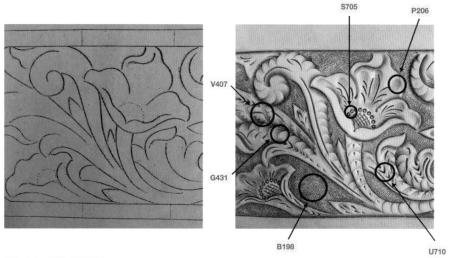

图2-44　印花工具型号

（3）雕花注意事项

① 在雕刻的过程中刀线尽可能圆润，不可呈方角状态（图2-45、图2-46）

② 在敲打印花工具时要连贯，不能有明显的一块一块的印记（图2-47、图2-48）

图2-45　错误的刀线　　图2-46　正确的刀线　　图2-47　错误的敲打印花工具　图2-48　正确的敲打印花工具

2. 雕花钥匙包的染色润饰

皮雕的染色基本上都会用到染料等材料，主要有液体染料、膏状染料、油性染料、皮革光亮乳液、牛脚油、防染剂等，根据染色和方法的不同，润饰效果和操作步骤也有很大差异。同时，根据革面的干湿、粗糙细腻程度，操作步骤也有些小的变化。常见的染色润饰方法有液体染料—防染—油性膏状染料—皮革光亮乳液、牛脚油—皮革光亮乳液—油性膏状染料—皮革光亮乳液、油性膏状染料—牛脚油、油性膏状染料—皮革光亮乳液等，它们各有特性，灵活运用它们，可以使皮雕风格有很大的变化。在雕花钥匙包里，展示的是液体染料—防染—油性染料—皮革光亮乳液为步骤的染色方式。

步骤如下：

① 将酒精染剂倒在小碟子里，用小叶筋或花枝俏等小号毛笔沾上染料，在碟子的边缘撇去多余的染料（图2-49）。

图2-49 毛笔沾上染料

② 在背景印花上用小叶筋毛笔涂上焦茶颜色的酒精性染剂（图2-50）。

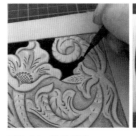

图2-50 涂焦茶色

③ 基础染色完成后，用棉布沾上防染剂，将防染剂均匀地涂在皮革上（图2-51）。

图2-51 涂防染剂

④ 等革染色后完全干了，用牙刷或者涂料笔涂油性染料，然后用棉布将油性染料擦掉即可（图2-52）。

图2-52 涂油性染料

3. 缝合安装五金件

（1）手缝针的穿线方法（图2-53至图2-59）

图2-53　将线穿过针孔，拉出大于缝针的1~2倍长度的缝线

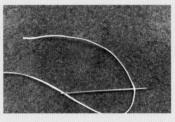

图2-54　在穿过缝针的缝线中间附近，把针刺入线的中间

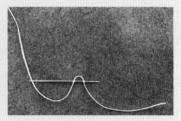

图2-55　将被针刺入的缝线折起来，然后找到线的中间把针再次穿过

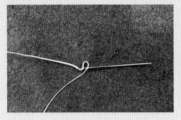

图2-56　将缝线往后端（针孔的方向）拉，慢慢地让线靠近

图2-57　在缝线靠近针孔处以后，往后拉扯缝线，将靠近的缝线收缩起来

图2-58　再次往后拉，紧缝线，使其穿过针后端，这样线就无法从针上脱落了

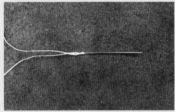

图2-59　把线的另一端也穿上针变成双针，缝线的两端均已穿过缝针，准备完成

（2）皮革的基本缝制（图2-60至图2-68）

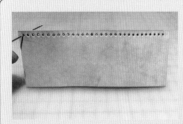

图2-60　缝制的起点基本上要从不会弯曲或不会被拉扯的地方开始

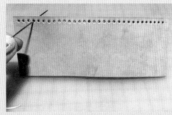

图2-61　将缝线穿过要当作缝制起点的缝线孔

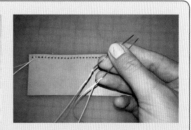

图2-62　将缝线穿过缝线孔之后取缝线的中心点，让左右两边的缝线长度相同，再用两只手缝制

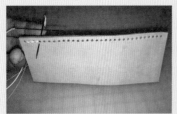

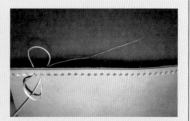

图2-63 将缝针从左边穿过下一个缝线孔，将右边的缝针放在下方重叠，再用右手压住两针的交叉，然后将左边的缝针抽出来

图2-64 将右手翻过来把右边的缝针穿过同一个缝线孔

图2-65 用左手接过缝针并将缝针抽出来，然后从两侧将缝线拉紧。缝制一圈的时候，起点不需要缝双重缝线

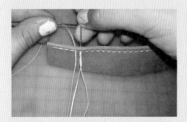
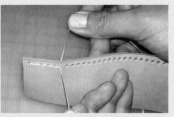
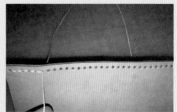

图2-66 进行缝制工作，请注意不要让缝线的上下错位

图2-67 注意拉紧时的力道

图2-68 有高低差的部位要穿过双重缝线

（3）缝合安装步骤

① 将雕花皮革裁切下来，把间距规调至0.3cm，在皮革四边画线，为打孔做准备（图2-69）。

图2-69 使用间距规画线

② 在钥匙包里皮上打孔，安装钥匙扣配件（图2-70）。

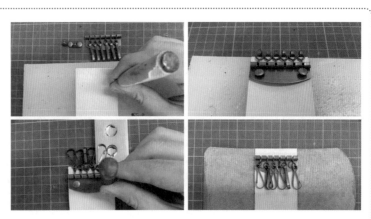

图2-70 安装五金件

③ 打孔，进行缝合（图2-71）。一般缝合时所用线的长度为要缝纫长度的3.5倍。

最后一针进行收针时要注意先在线收入线孔的地方涂抹白胶，再把带有少量白胶的线拉过针孔，齐根剪断（图2-72）。

注意：当有两块皮革重合的时候必须在连接处打孔进行缝制，这样缝合出的皮革才更牢固（图2-73）。

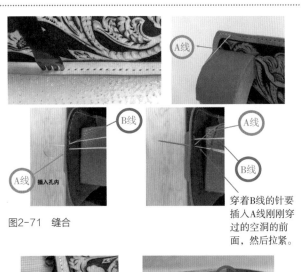

图2-71　缝合

穿着B线的针要插入A线刚刚穿过的空洞的前面，然后拉紧。

图2-72　缝线收针

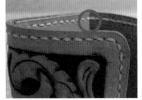

图2-73　连接处的缝合

④ 安装四合扣。四合扣的凹与凸有相应的工具，如图2-74，在安装时要注意四合扣的正反和工具的使用。

图2-74　安装四合扣

项目二　皮雕形式的手工皮艺创作

皮艺作品从最初的灵感源提取到最终的制作完成，要经过一个复杂的不断修改、完善的过程。宏观来看要经过概念—调研—方案—成品这四个大步骤（图2-75）。从微观来看，可以分为概念解读—思维发散—主题调研—草图、效果图设计—工艺实验—制作成品。

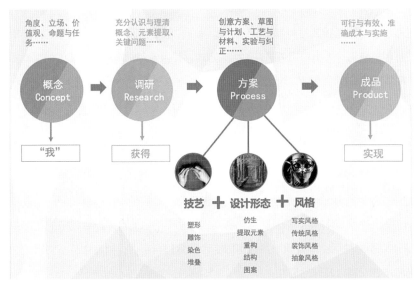

图2-75　皮艺设计的步骤与思路

1. 项目案例完整分析

通过项目一雕花钥匙包的学习，同学们对皮雕设计与制作有了相应的了解，在项目二中需要体现的是对雕花技法的活学活用，以及将其作为设计表达的手段之一，为设计师的设计理念与命题服务。下面举例展现由初始调研到后期制作的整体思维与实施。

（1）概念解读

首先这次设计由小组方式展开。在小组制定的大主题下，进行个人的思维发散。只有小组沟通细致，共同提出意见和解决方案，才能使后面的设计和制作顺利进行。此次小组设计以诠释战争这个大主题为主，将它的现实性、残酷性体现在作品中，项目由一个大作品（战争主题海报）和五个相关小作品（个人选取代表战争的物品或场景）组成，希望通过作品表达出设计师向往的和平与安宁。

（2）思维发散

小组针对战争的主题进行了头脑风暴（图2-76）。寻找最适合、最直接的关键词汇进行发散想象，在词汇中抽取形象和概念进行重组。

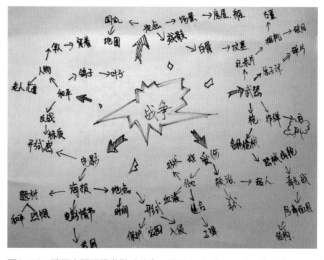

图2-76　根据主题思维发散（作者：徐铭阳/指导：王森、祁子芮，下同）

（3）主题调研：搜集主题相关图片

如图2-77所示搜集大量关于战争的电影海报，作为大作品的设计素材，借鉴相关海报形式和图片构成，再根据个人的方案，对图片信息进行提取、重组。将可利用的信息依照设计思路进行相关形式的拼贴，形成初步的设计灵感。本次设计主体形式来源于图（a）中的机械龙虾和机械螃蟹，其设计由一半写实、一半用机械仿生组成，具有很强的形式美，值得我们学习。

相关小作品：根据个人选取小主题进行相关材料调研。例如图（b）中防毒面具的氧气导管是如何连接的，以及护目镜侧面细节；了解相机结构、大小和相关零件的组成方式，并且要考虑到皮革工艺如何实现相机伸缩部分［图（c）］，怎样将颜色做旧等。

作品的调研有很多种形式，可以搜集多种资料图片进行归纳总结，最终形成设计思路。如图（d）（e）所示。找出多种形式的枪械和组成形式，研究整体结构，并加上个人的设计想法，借鉴相关作品进行再次创作。

（4）设计草图

在勾画设计草图时应该注意，草图应紧扣设计主题，并且要考虑到设计是否能够用材料实现，以及草图的整体构图形式。尽量将其勾画细致，这样有助于后期工艺的实现。草图的勾画可以配合线条的粗细变化和颜色的深浅变化，形成早期草图的前后空间效果，并且可以结合部分材料零件，附着在草图附近（图2-78），注明想要实现的工艺和所选材料以及作品尺寸。

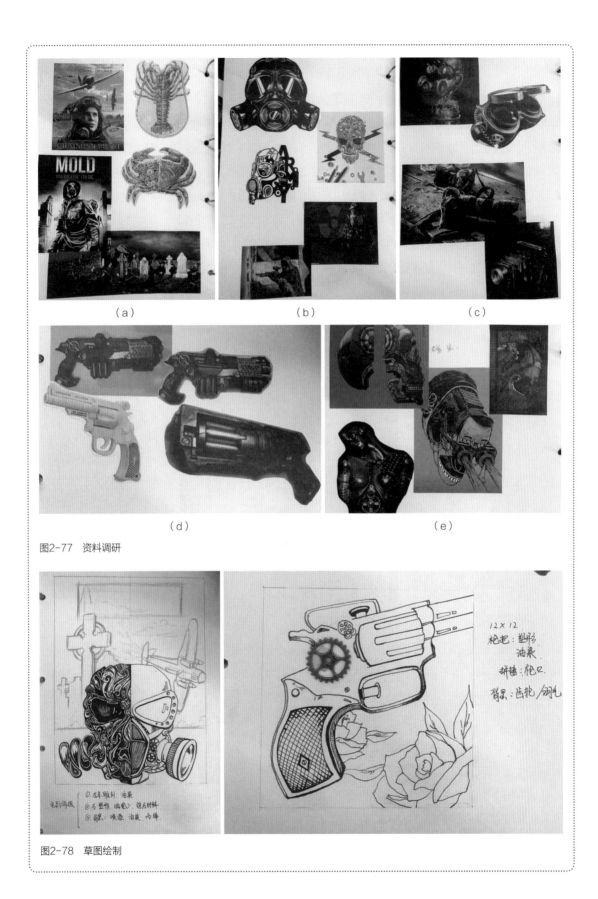

（a）　　　　　　　　（b）　　　　　　　　（c）

（d）　　　　　　　　　　　　　（e）

图2-77　资料调研

图2-78　草图绘制

2. 工艺试验与制作——战争题材大海报的制作

（1）制作皮雕部分

将植鞣革用喷壶喷湿润（最好使用纯净水）；皮革背面根据作品大小附着相同大小面积的胶带，防止后期程序中皮革因受力变形。将进行雕刻的图案用铁头描边笔刻画在皮革表面上，之后用旋转刻刀将轮廓刻画出来，要注意皮革表面一直保持潮湿状态。对刻好的图案将阴影部分用印花工具砸下去，注意细节部分要使用小型印花工具，尽量避免凸出部分皮革被砸坏或者多砸的情况出现。将此套工序完成后，用不掉屑的化妆棉或棉布将防染剂均匀涂于作品表面。制作好的皮雕部分如（图2-79）所示。

将主体海报上需要的字母和图案依次用刀裁下，用印花工具在最底层皮革上打印出背景图案。剪下最开始雕刻好的面具图案，并注意裁剪时边缘留下5mm左右的缝合量，在皮面上按大致位置上摆放并查看效果（图2-80）。

用菱斩在雕花图案边缘打孔，将图案缝合在背景皮面上，留出可填棉的位置，棉花填充好之后，再将剩余部分缝合（图2-81）。

 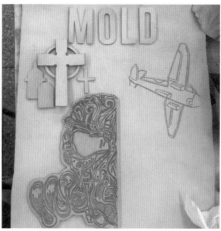 

图2-79　制作皮雕部分　　　　图2-80　海报制作　　　　图2-81　缝合皮雕部分

（2）面具及其他

右半部分的面具将采取塑形工艺。烤热精雕油泥，捏出所需要的模具形状，再将植鞣革片薄、打湿，固定在模具外塑形。待皮革完全干爽成型后，取出油泥。对部分面具导管细节采用交叉缝合方法，使拼接接口处整齐（图2-82）。用刻刀制作分段细节。

图2-82　模具塑形

为模仿面具的金属质感，普通油染不能达到外表光泽的效果，所以选取喷漆进行喷绘。注意喷漆过多易使漆从侧面流下，形成痕迹，所以喷漆要适量。在喷漆后的皮面上擦拭金色丙烯颜料，形成做旧效果（图2-83）。用旋转刻刀在呼吸罩的装饰部分刻画出相应图案，擦上防染剂，再用软毛牙刷将油性染料均匀刷于表面。待染色成功后，将多余的油性染料擦掉。

将排气筒的部分零件进行组装，用强力胶将单独零件黏合在一起。剪裁适应宽度的塑料网缠绕成圆柱形，将制作好的导管与塑料网粘紧（图2-84）。

将海报背景的飞机和填棉的雕花图案用防染剂进行擦拭，待防染剂干后将油性染料均匀刷于表面，然后擦去。把需要涂色的背景部分用丙烯颜料进行着色，然后选择需要的零件如齿轮和铜色圆钉进行贴合组装（图2-85）。最后将整张皮革作品固定在木板上（图2-86）。

根据主题拍摄成品效果图，效果图要符合设计理念，体现作品的内涵，突出主题（图2-87）。

图2-83　金属面模拟金属质感

图2-84　制作装饰部分

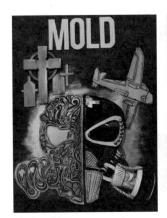  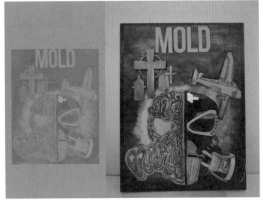

图2-85　组合与安装　　　　图2-86　作品固定在木板上　　图2-87　最终完成

3. 工艺试验与制作——战争题材小作品的制作

（1）战争题材小作品——伤口（图2-88）

① 裁剪作品所需大小的皮革，用水将皮革表面喷潮湿，皮革背面贴好胶带防止皮革变形。用旋转刻刀在皮革表面刻画出所需要的图案，并用印花工具制作相关背景。

② 用皮铲将伤口中心部分铲薄。

③ 将模拟伤口血液部分提前用透明指甲油薄涂一层，防止环氧树脂水晶滴胶渗入皮革使皮革变色。待指甲油干后，将调和过的红色染剂滴胶堆积在伤口中，用小毛笔沾取少量滴胶涂于伤口裂纹中。

④ 将伤口两端用蜡线缝合，蜡线上也沾取少量红色滴胶模仿血液。伤口两侧裁剪出弧形皮革与伤口黏合，模拟皮肤开裂的情况。

⑤ 用皮革做成小圆柱，并用交叉线缝合，在底端编写子弹编号，制作成碎片插入伤口的形状。

⑥ 伤口部件制作完成。

图2-88 伤口部分的制作

（2）战争题材小作品——钟表

将所需的钟表配件进行裁切，表盘用印花工具打印出图案。再将各部分零件用丙烯颜料着色，亮色部分用金色丙烯颜料进行点缀，各部分零件准备好后再用强力胶把零件黏合起来（图2-89）。背景用丙烯颜料勾画出做破裂墙面感觉，将准备好的齿轮零件进行组装（图2-90）。

图2-89 黏合各部分零件

图2-90 钟表制作完成

（3）战争题材小作品——复古相机（图2-91）

① 计算相机大小，将相机伸缩部分裁成前后相等的方形，共三组，尺寸依次增大。并将皮革中间掏空（便于前后连接缝合）。在边框外围和内侧（距离3mm）依次用菱斩打孔，用于伸缩叠层的连接缝合。

② 将伸缩层两两缝合之后，对每一层进行填棉，制作照相机机身的前后方体，运用单片缝合连接的方式使镜头可以前后伸缩。用圆形冲孔工具在相机零件钉出小圆点，作为相机的连接点。裁出两端渐窄的皮条

做相机机箱上方的提手，圆柱形镜头用强力胶与前机箱粘牢。

③ 进行组装。用棕色喷漆喷绘，要将机身喷涂均匀，注意不要让喷漆在表面流动。高光部分用金色丙烯颜料擦拭，模仿古铜相机质感。

④ 零件制作。将扁平的木条缠上细皮绳作为相机支架。将细皮条用水打湿、卷起，待有弧度后，把卷好的皮条展开，进行着色，圆木棍围上小皮条成为闪光灯灯杆。最后制作闪光灯灯座。

⑤ 组装零件，将铜丝缠绕在小灯泡上做曝光灯，并贴上准备好的齿轮作为相机装饰。

⑥ 复古相机制作完成。

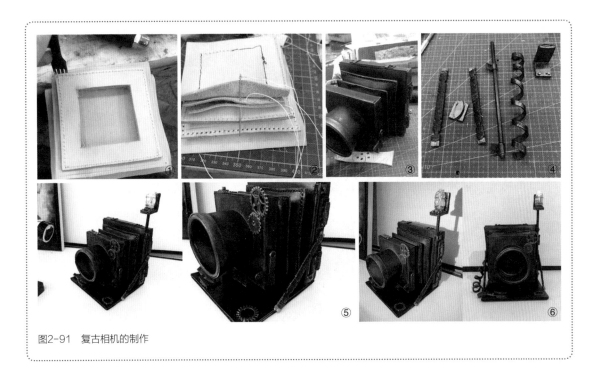

图2-91　复古相机的制作

（4）战争题材小作品——枪械（图2-92）

① 用铁头描笔在皮革上勾画出所需皮革的形状，用刻刀将图形裁下。

② 将皮革裁成若干个半圆形，用强力胶贴紧做枪管。左轮部分同理。按照枪械形状裁剪配件，进行组装。

③ 精雕油泥加热塑形制作枪柄模具，将片薄的植鞣革用水打湿，需钉子若干，植鞣革紧密贴合固定在模具上塑形。注意塑形部分尽量将皮革拉直，不要出现褶皱情况。

④ 制作配饰羽毛部分。在皮革上画出羽毛图案并剪下，中间部分用印花工具沿着羽干向外打印，使羽干突出。在羽毛两侧用刀划出纹理线条，线条要流畅自然，部分地方可以选择让羽毛有缺损，这样制作的羽毛会更加形象。

⑤ 所有零件部分都准备好后，可以用水性染液进行着色。枪柄塑形部分为了达到效果，依旧采用喷漆。将羽毛和齿轮分别进行染色。待干后进行作品组装。

机械制作完成如图2-93所示。

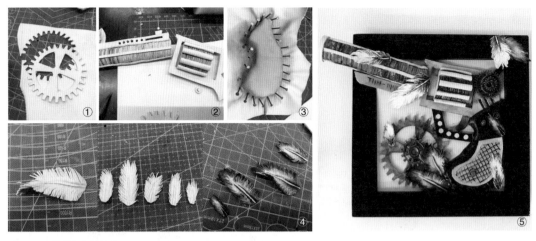

图2-92　枪械部分的制作

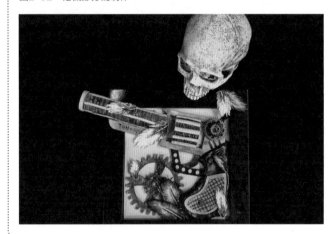

图2-93　枪械制作完成图

（5）战争题材小作品——面具（图2-94）

① 选用适当模具，将植鞣革片薄，用水打湿皮革面，进行塑形工艺。要将皮革与模具紧密贴合。裁剪条形面具零件。

② 将皮革边沿用蜡线锁边。

③ 将需要染色的零件用水性染料染色，染好色的零件用强力胶粘好，进行组装。

④ 防毒墨镜采用皮条、塑料片、塑料网，参考实物进行制作。为了贴合复古的感觉和整个面具形象设计，用水性染料染色。

⑤ 最终成品完成如图2-95所示。

战争系列作品最终成品如图2-96所示。

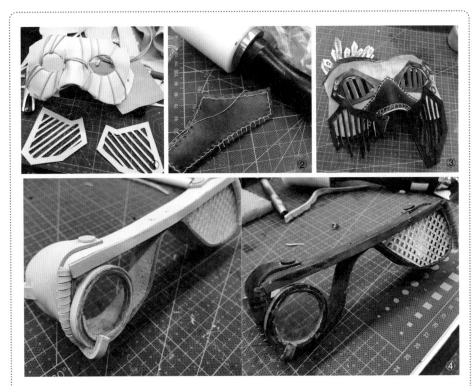

图2-94 面具的制作

图2-95 面具制作完成

图2-96 战争系列

第二节 皮革艺术的设计与制作——高浮雕形式

一、课程要求

✐ **课题名称**

高浮雕形式的皮艺设计与制作

☰ **课程内容**

综合运用皮革材料及皮艺技法，通过对真实物像的模拟与创作，对皮革艺术技艺进行实践与创新。

◁ **项目时间**

36学时

→ **训练目的**

通过该课题的训练，学生们能够充分了解高浮雕式皮艺传统技艺技法的应用，掌握高浮雕式皮艺品的几种制作方式与设计流程，活学活用相关技艺技法，通过课程学习运用多元的皮艺表现方式，学生具备制作高浮雕形式皮艺的能力。

◎ **作业要求：**

重点：通过感受、探索、实践、创新等环节，学习皮艺的基本技艺，如雕饰、染色、拼贴、塑形、缝饰、镶嵌、填棉、拼贴等。

难点：如何在皮艺创作中综合运用所学的皮艺基础技法，并根据主题创新技艺，运用新技艺进行表达。

🎛 **项目作业：**

以仿生形态为主，综合运用所学技艺，通过模拟此形态对所学技艺进行综合的运用和创新。

二、高浮雕形式皮艺的基础知识

对于高浮雕形式皮艺作品来说，由于植鞣革起鼓塑形的伸缩性，决定了设计中的最大高度值为半球，超过半球后皮革将出现密集的褶皱，故而在设计时如何巧妙地利用塑形的高度特性就成为一个非常智慧的问题。与此同时，对于一个高浮雕的皮艺作品，风格的打造与其适合的环境也是至关重要的，所以，设计时首先要对你打造的物象进行定位。如你是为了某个场所打造的高浮雕皮艺作品还是个人的秀和展览？是一个品牌的衍生品还是馈赠的礼品？不同的设计需求产生不同的设计样貌。

高浮雕的皮艺设计可以分为两类：实用类和艺术类

1. 实用类皮艺

实用类功能的高浮雕皮艺设计，指的是以装载、保护物品、方便使用和携带为主要目的，用皮革制成属于生活用品类的手工皮包（图2-97）。高浮雕皮艺设计的关键是皮包的造型设计，如何将设计思维与皮包结构造型完美结合，是此类皮包设计的重要考虑因素之一。

实用类高浮雕皮艺设计应满足以下几点要求：

① 皮艺设计应以实用性和使用性为主，使其在使用过程中完好地保护和装载内置的物品，并方便携带，符合基本的皮包打板制作原理。

图2-97　手工皮包（Diana Ulanova　俄罗斯）

② 皮艺设计所用的材料应尽可能的轻便、耐磨，对于内装物品也应是安全、稳定的，两者不发生相互作用，这一点对于实用性为主的高浮雕皮艺作品是至关重要的。

③ 皮艺设计的结构和浮雕造型对人体不会产生伤害，在使用过程中较为方便，符合人体工程学。

④ 皮艺设计的结构应符合皮革物理属性和视觉设计要求，美学要求。

2. 艺术类皮艺

艺术类皮艺以艺术化为主，强调其艺术性、装饰性及其表达的含义，不必过度要求其实用性的功能，大多以壁画、装饰画为主（图2-98），采用雕刻、染色、塑形等手工技艺。在设计时应满足以下几点要求：

① 皮艺设计以艺术化为主，在设计过程中考虑其所放置的环境，以及皮艺设计品与周围环境所发生的关系。

② 皮艺设计所用材料根据其所表达概念需要，可综合运用各种类型的皮革，如牛皮、羊皮、马皮、猪皮、鱼皮等，所选用皮张的薄厚、弹性、塑形性也是需要考虑的因素之一。

③ 皮艺设计的结构应符合每种皮革的物理属性和视觉设计要求及美学要求。充分运用其特点可更好地表达设计观念。如植鞣革可以根据所描绘对象进行塑形、雕刻，本色植鞣革又可以进行染色，铬鞣革自身重量较轻，购买时有多种多样的颜色可以选择，是设计师可以运用的设计点。

图2-98　高浮雕形式皮艺品

三、具体案例的图像分析及创作步骤分析

（一）案例1——经典的高浮雕形式皮艺

1. 《私语花香》案例分析（皮克工作室皮艺作品）

整幅作品以写实为主，其创新点在于皮革艺术与壁画相结合的形式。探索画面的形式感如何构造，才能使整幅画面既突出皮革材质的特性，又具有一定的绘画性美感。根据壁画艺术中浮雕的表现手法，采用层次空间的处理方式，将画面分为三维空间：人为第一维，花为第二维，环境为第三维。随着空间的逐步退后，皮革造型的起伏也逐步减弱，画面中最高点为浮雕的人物造型，最低点为背景的装饰图案。整幅画面的场景运用中国画散点透视的原理，经过空间的错位，

图2-99 《私语花香》（皮克工作室作品）

把三种状态的少女和不同的环境巧妙地穿插组合在一起，形成一幅展开式的卷轴状画面（图2-99）。

（1）作品图像分析

① 质感、纹理的运用：利用皮革材质独有的天然纹理感，使用多种皮革，如进口的植鞣牛皮和铬鞣的小牛皮、羊皮、猪皮、鱼皮、狗皮等，塑造出人物的皮肤、地面、背景等。运用鱼皮不同的颜色和肌理效果，根据地面花纹的样式，将鱼皮革裁切成不同的形状进行拼组，制作出地面；再利用植鞣革的传统雕刻技法，对家具的花纹进行雕刻，用相应的饰边工具把皮革打印出凹凸不平的感觉，仿制家具上的浮雕效果。

② 褶皱的运用：为展现女子夏装的轻薄质感和细腻的衣褶，同时还要随着人体结构塑造，选用柔软性很好的羊皮革模拟真实的衣服褶皱，先经过皮革与皮革的重叠、打褶处理，再用胶水粘贴在画面中，最终形成了女子的衣服和裙子，构建出鲜活的画面美感。

③ 雕饰的运用：传统的皮革雕饰花纹主要是进行唐草花纹或者谢里丹花纹的雕刻，我们现有的雕花工具也都是为这两种花纹的雕刻而设计的。但作品中需要对沙发花纹和红木家具中固有的传统纹样进行雕饰，于是尝试了使用原有工具在新图案中的雕刻。经过试验发现，原有的雕花工具中，有部分工具如饰边的横纹工具、打印起伏的工具、打印肌理的工具，都可以应用在新的图案中，但也有大量的工具无法应用，导致了图案创作的局限性。由此可见，对已有雕花工具的创新应用以及设计更多样式的雕花工具可以作为未来皮革艺术研究的新方向，探究更多皮革艺术创作手段的可能性。

④ 染色的运用：运用植鞣革染色的方法，根据拟定好的色调，对画面中的红木家具、雕饰而成的沙发、背景等进行染色。红木家具使用水性染剂进行颜色的调和后再染色而成；沙发则使用了防染的技法，涂上油性染剂后，有防染剂的地方均不会再染上颜色，所有打印后凹下去的地方留下颜色，使沙发的图案感、肌理感增强。

（2）由图像分析所得的设计方法总结

① 在创意思路上注重装饰效果及文化内涵。

② 在创作技法上采用对比法、肌理法、装饰法。

2. 墨西哥 Mazatlan Nidart 美术馆中的皮革面具案例分析

如图2-100所示，植鞣革经过艺术家们的再创造，形成一副副不同性格的人的面孔。利用植鞣革湿润后的伸拉性，将其在具有人类面孔表情的模具上进行摁压塑形，制作出人脸的五官及表情，再根据设计把多余出来的已经没有弹力的植鞣革进行褶皱化处理，形成人的帽子、头发、胡须等，最后进行风干、染色、修饰，由此这一幅幅生动的面具就制作出来了。这些面具的存在并不是为了让人们更加时尚，而是以一种搞笑、怪诞的风格存在。

图2-100　皮革面具

（1）创作步骤分析

① 将本色植鞣革浸入到水中，完全湿透。

② 根据人脸的模具形态，对植鞣革进行塑形，要注意多余出来的边缘。

③ 植鞣革根据需要进行相应塑形与创作（图2-101）。

④ 将塑形好的人脸面孔进行固定与自然晾干。

⑤ 根据需要进行染色。

（2）由创作步骤分析所得的设计方法总结

① 在创作思路上寻找实用性与时尚性的平衡，注重装饰效果及文化内涵。

② 在创作技法上利用起鼓塑形装饰法。

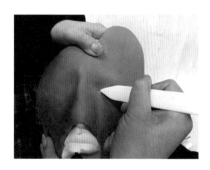

图2-101　皮革面具步骤模拟分析

（二）案例2——优秀学生仿生作品案例分析

1. 自然、生动——仿生形态的皮艺作品

通过对大自然的仿生与元素形态的提取，发现海洋生物中不同的造型和特殊的肌理，尝试运用植鞣革塑形与雕刻的技艺，模拟海洋生物的状态，再产生出新的肌理形式。自然、流动的雕刻线条配合纱、蕾丝等少量纺织面料及串珠，组合出独特的海洋风格的肌理状态。打破传统皮艺仅仅是用皮革来进行造型和创作的思维定势，根据海洋生物所呈现出的自然美感，以一种清新、淡雅的方式，传达海洋世界的神秘之情（图2-102）。

图2-102　人体中的海洋（作者：刘思文/指导：王森）

（1）作品图像分析

① 塑形技法的运用：根据海洋生物的不同造型，如海星的半浮雕效果、贝壳的褶皱波浪形效果、水母的蹒跚褶皱效果等，一方面利用植鞣革塑形的能力，对其进行造型上的捏造（图2-103）；另一方面结合海洋生物自身颜色的深浅变化，对植鞣革进行一遍遍地染色，增强整体造型的起伏感（图2-104）。

图2-103　植鞣革塑形

图2-104　植鞣革染色

② 植鞣革与综合材料的结合

塑形晾干成型后，按照图纸组合，背景采用TPU和网格，做出若隐若现的海洋的感觉，并结合纱、蕾丝和串珠营造水母飘逸的裙摆及海中宝石的效果，引起观者眼前一亮、海中寻宝的视觉感受。

（2）由图像分析所得的设计方法总结

① 在创作思路上模拟自然仿生形式设计，注重装饰效果及文化内涵。

② 在创作技法上利用填棉法、对比法、肌理法，装饰法。

2. 回归本源的仿生形式的技艺探索

分析形象图（图2-105）的色调、形象、肌理、结构、形式等特点，以此为参照和依托，综合运用染色、塑形、拼贴、雕饰等技艺，尽可能地模拟原生形象，在模拟的过程中对皮革技艺技法的组合运用进行探索与实践。设计师选择了蒸汽朋克作为其想打造的风格，运用拼凑美学的方式将未来与过去、现实与想象、科学与魔幻等元素进行混淆，杂陈出现，最终以复古的方式表达出来（图2-106）。

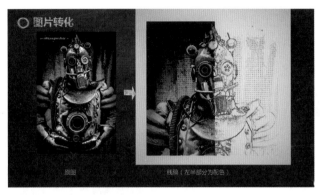

图2-105（左）"男爵"高浮雕皮艺作品灵感图（作者：李栋/指导：王森）
图2-106（右）"男爵"高浮雕皮艺作品成品（作者：李栋/指导：王森）

（1）制作步骤分析（图2-107）

① 用铁笔在植鞣革上画出印记，再用旋转刻刀根据印记刻制刀线，按照原图的肌理起伏关系运用印花工具打印出人物和人物背景。

② 运用塑形、染色等技艺，把脸部的零件制作好，放至一边留用。

③ 运用茶色水性染剂，对背景和人的身体等部分大面积上色，同时，精致的部位及人物用马克笔进行上色。

④ 当整个人体及背景的大关系出来后，用马克笔进行明暗关系的加强，同时制作其他小型的零部件。

⑤ 将所有的零部件与人体进行组装，同时运用水性染剂和马克笔处理细节，进行最后的调整，直至完成。

（2）由创作步骤分析所得的设计方法总结

① 在创作思路上模拟自然仿生形式设计，注重装饰效果及文化内涵。

② 在创作技法上利用体、面构成法和对比法、装饰法。

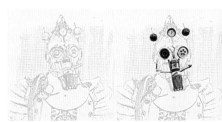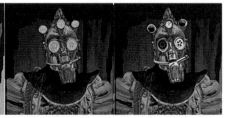

图2-107 "男爵"高浮雕皮艺作品步骤（作者：李栋/指导：王森）

四、高浮雕形式皮艺的设计方法

在对经典皮艺和优秀学生作品进行了图像与创作步骤的双重分析之后，我们不难发现，任何一件艺术作品或设计作品都可以从创意思路以及创作技法两方面分析得出其作品的特点和优势。而对高浮雕形式皮艺来说，将这些优秀作品两方面的特点与优势加以总结归纳，并结合更多的经验与实例来与我们所归纳出的结论相互印证，便可总结出高浮雕形式皮艺的设计方法，而优秀作品的独特性，往往是建立在这些已经成熟或趋于成熟的设计方法之上的，只有将这些设计方法加以学习融汇并应用于自己的创作之中，才能得到好的作品。

（一）高浮雕形式皮艺的创意思路

高浮雕形式皮艺是一个半立体设计的皮艺设计，它不同于一般的箱包设计、壁画设计、皮具设计等，其涉及工艺、技术、材料性能、适用人群等各种因素，这些都或多或少地为设计师的设计思路增加了难度，同时考验着设计师的想象力与创作力。

1. 寻找实用性与时尚性的平衡

随着人们的艺术修养以及审美追求的不断提高，皮革制作工艺有了更大的发展，皮革艺术在创作时对材料的选择有了更大的空间，其发展形式也更加多元化。设计师们在进行皮艺创作的同时也在考虑着物为人用的一面，有些皮艺作品在皮革运用上将厚重的植鞣牛皮革换成了轻薄的铬鞣羊皮，设计出独特的有个性的皮艺包袋，兼具艺术效果的同时又方便消费者携带（图2-108）。

图2-108　浮雕效果手包

2. 模拟自然仿生形式的设计

自然界充满着无限的神秘感和复杂性，丰富多样的自然样貌，光怪陆离的生物奇观，成为造型的灵感源泉。仿生学设计的灵感来源于自然界，以自然界万事万物的"形""色""音""功能""结构"等为研究对象，

图2-109　Kofta Konstantin 作品（乌克兰）
图2-110　Kofta Konstantin 作品（乌克兰）

通过提炼、抽象、夸张等艺术手法进行加工，传达出其丰富的结构变化和肌理效果，赋予其生命的力量，使皮艺品具有纯真质朴的感觉。其中需要注意的是，在仿生自然的同时，并非对自然物一比一地进行复刻，而是提取其精华所在，寻求形态、结构上的突破和创新，进行有生命、有态度的设计，如图2-109、图2-110所示。

3. 注重装饰效果及文化内涵

随着皮革制品的不断丰富，皮革手工艺逐渐自成体系，艺术创作成分也不断提升，以皮革手工艺为核心成为一种独具魅力的皮革艺术形式。对当代审美品位下的皮艺发展进行思考，在皮艺作品更具审美性、民族性、文化性、创新性和艺术性等方面进行探究，寻找皮艺新形式，创造出新的皮革技艺。设计时融入民族文化的精神实质，把皮革材料作为媒介，从艺术表达形式的意境、色彩的意蕴、审美的意趣以及内在的寓意入手，或是融合传统的纹样花纹，将其打散、重组、复制、拼贴；或是运用现代的手法将其重新演绎。如皮克工作室的作品《升腾的爱》，就是将中国传统的云纹、水纹以及象征吉祥寓意的凤凰作为艺术灵感来源的一部分，加入画面中，象征着一种生命力，一种传承和正能量（图2-111）。

图2-111 《升腾的爱》（林强、王淼/皮克工作室 中国北京）

（二）高浮雕皮艺的创作技法

1. 起鼓塑形法

在高浮雕的皮艺设计中，起鼓塑形是一种有效的视觉语言与表现形式，也是一种常见的技艺方式。但此类手法大多适用于本色植鞣革，皮革具有挺括、柔软、弹性好、可塑形定型的特点，由于皮革的伸拉性有限，设计者可以把皮革弄成碎片，在作品中增加细节和形状，使之层次感更加丰富（图2-112、图2-113）。

图2-112 Merimask作品（美国）

图2-113 Zarathus Sarah M作品（新西兰）

2. 体、面构成法

皮艺设计由面和体组合而成，通过不同形状的面、体的变化，进行拼接、重合、折叠、交错、切割、融合、加叠，从而构成各种各样的形态。设计师对面与体认知的不同，所表达出的形态与情感也不一样，比如可采用渐变、发射、打散、对称、对比等手法进行重组，形成新的造型整体。根据想要表达的观念的不同，设计师选择最恰当合适的方式，呈现出最完美的形态（图2-114）。

图2-114 Kofta Konstantin 作品（乌克兰）

3. 填棉法

填棉法是大多使用棉花在较为轻薄和弹性较好的小羊皮中进行填充，形成自然的圆鼓的效果（图2-115）。用填棉方式作出的作品给人以柔软、温暖的安全感，故设计师在使用此手法时需注意所塑造对象，如用此方式塑造了坚硬的物象，往往产生出相反的效果。

图2-115 《升腾的爱》作品局部（皮克工作室）

图2-116 高浮雕皮艺作品（藤田一贵 日本）

4. 对比法

在高浮雕皮艺设计中，充分利用高低、繁简、凹凸等空间对比的方式进行对比呼应，使其产生出有秩序、有规律的节奏变化（图2-116）。与此同时还可以把不同的材料组合在一起，产生出新的形式语言与效果，通常运用对比手法的作品给人一种强烈的视觉冲击感，让人有种眼前一亮的感觉。在运用此方法时需注意整和碎，疏和密的协调统一，以防视觉效果凌乱。

5. 肌理法

运用肌理法更多的是对大自然和生活中环境、物像的模拟，是一种形态与色彩相比较而存在的形式语言，它可自成体系，依附于模拟对象的形体而存在，是一种最为直接有效的表达形式。它可以呈现出较强的质感，塑造出新颖独特的视觉效果，同时给人以触觉上的体验，很多时候被作为设计材料的面料处理方式，以体现设计师的风格与品位。在手工皮具制作中，也有很多设计师将此方法运用在包体的手腕处，或拿捏的地方，以此增加摩擦力，体现出设计师对细节的注重（图2-117）。

图2-117 Kofta Konstantin 作品（乌克兰）

图2-118 kooc 作品（俄罗斯）

6. 装饰法

从艺术的角度讲，装饰可以分为装饰物装饰、纹样装饰、图形装饰等不同的装饰方式，具有特定的装饰性和概念性。在手工皮艺中，装饰与工艺密不可分，而且相辅相成，相互补充。在装饰表面的同时，可以附加不同材料、配件或镶嵌不同的饰品，还可以在皮革的表面进行镂空、浮雕、拼贴、刻画等，使表面的肌理感更加丰富（图2-118）。

五、项目过程与实施

1. 概念解读

本项目根据教师所提供的概念，进行思维发散与思考，同时产生属于自己的子命题与概念，明确自己的角度、立场、价值观与课程任务。以北京服装学院箱包鞋品专业谌美娣同学的作品为例，该同学所确定的命题是情绪，又由情绪联想到悲伤的情绪，同时产生出一系列的问题，如：人为什么会悲伤？人悲伤时的反应？为什么悲伤时候不想说话？能因为哪些事情产生出悲伤的情感？等等。

2. 思维发散

通过子命题对悲伤情绪进行思维发散、头脑风暴，寻找与自己灵感主题切合的关键词，针对主题，明确前期调研的内容，从产品类别、质感、材料、色彩、意义等方向入手，颜色上忧郁、悲伤的颜色大多以冷色调为主，在造型上可采用装饰画的形式来进行表达，材料上选用坚硬质感的材料，衬托冷冰冰的感觉（图2-119、图2-120）。

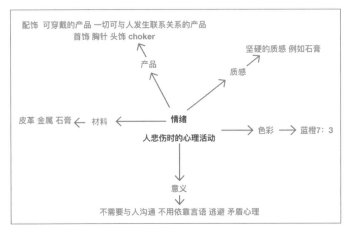

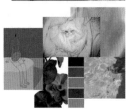

图2-119　概念导图（作者：谌美娣/指导：王森、祁子芮）

图2-120　配色概念图（作者：谌美娣/指导：王森、祁子芮）

3. 主题调研

通过大量图片、信息的收集，明确主题，清晰设计思路与形式感，充分认识与理清概念、元素提取、关键问题等（图2-121），调研的过程可以为之后的设计找到切实可行的依据和参照。

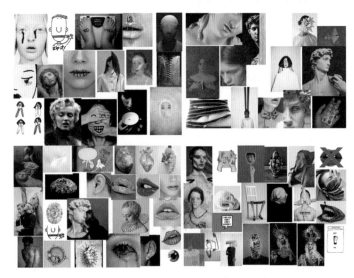

图2-121　主题调研（作者：谌美娣/指导：王森、祁子芮）

4. 草图、效果图设计

通过前期概念的发想与整理，针对概念有目的地进行拼贴、打散、重组练习，寻找设计点，同时勾勒草图，进行斟酌比对。在进行拼贴练习时，把所需要图片真实打印出来，进行剪裁、粘贴和勾画，也可使用Photoshop、Pinter等绘图软件进行拼贴实验。最终确定作品效果图，通过清晰、完整的效果图表达出来。同时，明确制作的步骤和工艺实践的技术手法，初步设定制作方案和实践方案（图2-122至图2-124）。

图2-122　拼贴试验（作者：谌美娣/指导：　图2-123　拼贴试验与反思（作者：谌美娣/指导：王淼、祁子芮）
王淼、祁子芮）

图2-124　效果图（作者：谌美娣/指导：王淼、祁子芮）

5. 工艺试验

（1）水晶滴胶试验

水晶滴胶除了对皮革工艺制品表面起到良好的保护作用外，还可增加其表面光泽与亮度，进一步增加表面装饰效果，更好地表达想要的主题和效果，适用于工艺品表面装饰与保护。冷却凝固的水晶滴胶组合更有块面感与装饰感，更符合主题效果（图2-125）。

先将要放入水晶滴胶内的皮料准备好，裁剪上色。首先将称量器具、调胶器具、作业物载具、干燥设备等必要的器具和设备以及待滴胶作业物准备到位。将电子秤、工作台面放置或调整水平。用干爽、洁净的广口平底容器（具）称量好A胶，同时按比例称好B胶，一般为3:1（质量比），体积比则为2.5:1。用圆玻璃棒将混合胶左、右或顺、逆时针方向搅拌，同时容器最好倾斜45°角并不停转动，持续搅拌1~2min。将搅拌好的AB混合胶装入带尖嘴的软塑胶瓶内进行滴胶。混合胶如果有气泡，可静置一段时间。待气泡完全消除掉以后就可将皮革小料用镊子放入滴胶内，要十分小心，以免滴胶又生气泡。以水平方式自然静置，直到胶完全固化，一般需要一天时间。

（2）小块塑形试验和头发纹理表达试验

根据图纸把需要塑形的地方先用精雕油泥（图2-126）做出基本型。冷却凝固之后，用雕刻工具打磨精细，塑成想要的形状，再用碎皮料进行试验。

头发的纹理表达试验如图2-127所示。

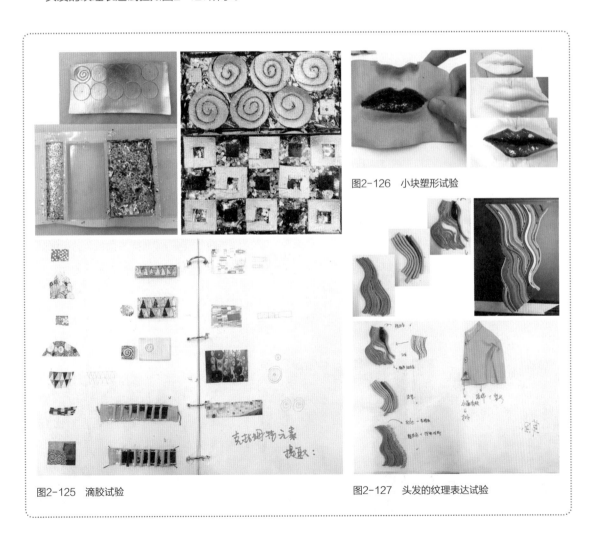

图2-126　小块塑形试验

图2-125　滴胶试验

图2-127　头发的纹理表达试验

6. 制作成品

（1）根据需要制作基本型

根据图纸把需要塑形的地方先用精雕油泥（图2-128）做出基本形（图2-129）。在选择油泥时要注意，硬油泥适合做较小或精细雕刻的产品，细节部分不容易变形，冷却后恢复原有的硬度；中硬油泥适合于大型雕塑或初学者，雕塑、捏型、刮油泥比较容易，冷却后恢复原有硬度；软油泥常温下是软的，用手捏可直接塑形，操作简单方便，作品完成后不可随意移动；工业油泥常温下坚固，加热后变软，主要用于汽车、摩托车、家电等产品的立体造型设计、模型制作，几乎不会因温度变化而引起膨胀或收缩。同时需要注意，油泥需要加温软化才可操作，冷却后恢复硬度，可用热风枪、吹风机吹软，或用暖气烤软，隔袋子放置在高温水里泡。

图2-128 精雕油泥（硬）

图2-129 油泥塑基形

（2）整面塑形

大面积皮面塑形难度较大。选择一块较为完整平滑的皮料，保证厚度一致，用片皮机进行多次试验，片到适合的厚度后开始塑形。将皮革用水喷湿软化，覆盖在膜具上用力固定，用手指慢慢勾勒出细致的形状，注意不要刮花皮面。再用吹风机或者热风机加热烘干，一到两次之后形状就可以固定了（图2-130）。

图2-130 整面塑形

（3）上色

利用皮革的可染色性用皮革专用染料上色，或者用不易掉色的丙烯颜料等上色，上色时保证晕染均匀。根据自己想要的效果，可适当加一些综合材料在皮革之上，或直接在上面作画，以达到想要的效果（图2-131）。

图2-131 上色

（4）细节塑造

大块面塑造完成后，开始对细节做塑造，例如头发、耳朵等的塑形，还有局部的精细染色上色等。

（5）进行拼组与连接

将制作好的各个部分组装起来（图2-132），组装过程中注意不要破坏部分块面的细节与精致程度。提前设计好画面背景与分布。

最终效果如图2-133所示。

图2-132　拼组与连接　　　　　　　　　　图2-133　最终效果

第三节　皮革艺术的设计与制作——圆雕形式

一、课程要求

课题名称

圆雕形式的皮艺设计与制作

课程内容

利用本色植鞣革自身的可塑性、伸缩性、粘贴性、可雕刻性、可裁切行、可再次染色性，建立起具有空间感的圆雕作品，同时可结合其他种类的皮革和材料，对皮革艺术技艺进行实践与创新。

项目时间

36学时

训练目的

通过该课题的训练，学生能够较深入地了解皮革材料（本色植鞣革为主）的其他特性，深入探索以传统手工皮艺为基础的手工艺技术，同时通过项目创造新的技艺技法，在做皮艺设计的同时展现一种热爱生活的态度。

◎ 作业要求

（1）重点

① 能够根据设计图纸和方案，综合运用皮艺的基本技法——雕饰、染色、拼贴、塑形、缝饰、镶嵌、填棉、拼贴等进行创作。

② 圆雕形态造型合理，皮艺技法使用恰当，作品形、色、意、构统一和谐。

（2）难点

① 皮艺创作中创意思维表达的准确性，技艺技法的合理运用。

② 由皮革材料的多思维启发，到实际操作过程的落实，再以已有的技艺为起点创造出新的技艺，找到属于自己的皮艺表达观点。

🖥 项目作业

　　此单元的训练以模拟真实物形和仿生为主，学生根据教师所出主题和线索，调研其基础状态、颜色、结构等物理特性，通过分析、总结、归纳整理出圆雕皮艺实践模拟方案，以本色植鞣革为主要材料，以所学皮革技艺技法为基础，对真实物形进行模仿，研究新的技艺技法。

二、圆雕形式皮艺的基础知识

　　圆雕作品又称立体雕，是指非压缩的、可以从多方位和多角度欣赏的三维立体雕塑。圆雕皮革艺术品既是在雕件上的整体表现，观赏者可以从不同角度看到物体的各个侧面，要求雕刻者从前、后、左、右、上、中、下全方位进行塑造与表达，所以圆雕的皮革艺术品首要任务就是要求是立体的，可以360°让观者来进行观看的，也就是说在设计造型的过程中，设计者要考虑到每一个面的设计与相互组成，它们是不可分割的。

　　圆雕形态的皮革工艺品如果按类别可以分为偏实用类的工艺品和偏装饰类的工艺品。市场上最为广泛的应该是圆雕的皮革工艺品，如写实雕像、花瓶、器皿等，偏实用一些的还有杯子套、生活中的用品、现代的椅子等，在本节我们主要介绍的是以工艺品为主的圆雕皮艺作品。

1. 偏实用类的圆雕工艺品

　　偏实用类的圆雕工艺品是指在具备实用性强的同时兼具一定审美观赏性的皮制用品，由于该品类所直接针对的人群往往为购买者与消费者，所以在对偏实用类的圆雕工艺品进行设计时需要考虑到其使用的对象、放置的环境、风格定位等因素，而不是仅仅趋从于个人化观念的设计语言与审美表达，根据作品制作的成本、作品预估受众的审美能力和消费能力，选取相应的制作技法和设计语言，并兼有生活中的实用价值，才是对偏实用类的圆雕工艺品进行设计的基本要求。

　　如图2-134作品是一个网编织状的罐子，运用的是植鞣革具有可塑形性和一定的韧性、支撑性的特点所进行的设计。该作品就是设计师在对具体应用情况与植鞣革材料特性都有较为深刻的了解的基础上所设计的偏实用类圆雕工艺品的代表之作。

2. 偏装饰类的圆雕工艺品

偏装饰类的圆雕皮艺品是指在较少考虑或不考虑圆雕工艺品实用性的情况下，做出的针对特殊环境的装饰摆件或体现浓厚个人艺术观念的艺术作品。该门类圆雕皮艺制品的创作目的多来源于品牌或个人的定制案例以及艺术家或设计师的个人艺术作品，因此相较于偏实用类的圆雕工艺品，具备个人化和独特化的特点，设计时更多考虑的是摆放的环境、设计者的艺术风格以及艺术设计观念是否能通过作品表达完整等。

图2-134　Tjiang Supertini 作品

如图2-135所示爱马仕Petit h系列，运用的是在生产过程中剩下的边角碎料进行的设计，所以对于边角料的分类整理以及作品整体纹理的走向与应用都是在设计过程中急需注意与推敲的重要环节。作者结合巧妙的结构设计，降低对边角碎料的要求，使整个作品在设计过程中更易处理且更具合理化，而与品牌的合作也在凸显品牌价值和独特性的基础之上延伸出运用生产废料所带来的环保概念。

由此我们可知，在圆雕皮艺设计中，要想更好地实现设计者的意图，必须先对皮革自身的特性和处理技术有所了解和掌握，同时也要针对两种不同设计门类下的各种复杂情况进行思考与整体安排，才能设计出好的圆雕皮艺作品。

图2-135　爱马仕Petit h系列

三、具体案例的图像分析及创作步骤分析

（一）案例1——经典的圆雕形式皮艺案例

1. 本池秀夫及其惟妙惟肖的皮塑人物

本池秀夫的作品多为皮雕、皮具和银饰，最经典的当属个人的皮革玩偶系列，其作品完美释绎了皮塑这个技艺的使用，所刻画塑形的人物美妙绝伦、惟妙惟肖。同时，本池秀夫作品的经典和代表性还在于皮塑技艺运用的典型性，选用木头作为塑形用的模具，选用植鞣革为皮塑的材料，附着在已雕琢好的木头人面上，经过细致的雕刻和雕琢，形成一幅幅生动的皮艺作品（图2-136）。

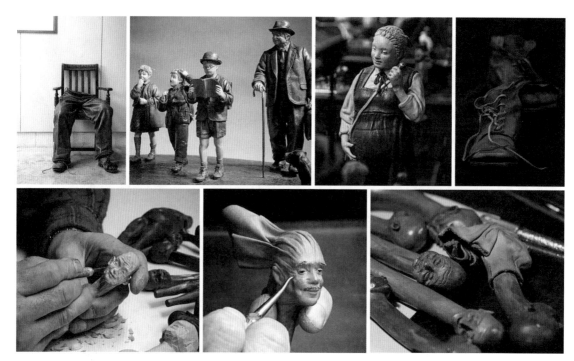

图2-136 本池秀夫的皮塑人物作品

　　由图像分析所得的设计方法总结：在创意思路上是环境氛围之中的装饰化形式作品；在创作技法上利用木质底托塑形法、写实手法。

2. 比利时艺术家 Stephane Halleux 的皮革机器人

　　该系列皮革风格的机器人让人过目不忘，艺术家Stephane Halleux从蒸汽朋克风格中得到灵感，将皮革、金属、木材、纸浆和回收的材料搭配制作成机器人，并赋予每个机器人不同的角色。

　　根据创作观念所需的不同，每个皮革机器人所运用的表现手法和形象选择也都各有不同，看似都是在统一技法和创作风格之下所诞生的作品，但其在不同系列、不同作品中所体现的差异化也十分明显。如图（2-137）所描绘的战争士兵形象就运用

图2-137 Stephane Halleux 的皮革机器人

大面积包裹的形体给人以沉闷、压抑的第一印象，而细部刻画则进一步体现了战争带给世界的恐怖气氛和不悦观感，与之相比，图中所描绘的自行车机器人形象则运用畅快凌厉的线条结合，传递出速度、力量和科技感的体验。

　　Stephane Halleux在插画、模型、皮艺制品等多个领域都有所建树，以其概念设计的人物也曾被改编成动画电影等多媒体传媒上的作品，而各个领域的特点在他的手中也相互关联，根据创作的背景、内容和作品所表达思想的不同，Stephane Halleux的作品所呈现出的是极强的个体差异性和个人化色彩。

由图像分析所得的设计方法总结：在创意思路上注重个人观念的表达；在创作技法上利用抽象夸张的手法，运用皮革材料对真实物象的模仿、综合材料的应用。

（二）案例2——"舌尖上的中国"作品案例分析（图2-138）

图2-138 "舌尖上的中国"

（1）图片资料寻找

本次项目的作品主要是运用皮革技艺对原始菜系进行模仿，在模拟的过程中开展深入的技艺研究与组合，所以在图片搜索阶段，根据各自小组拟定的主题，寻找所需要的菜系图片（图2-139）。

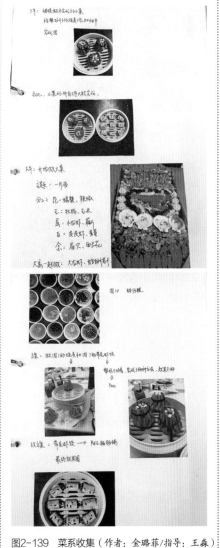

图2-139 菜系收集（作者：金璐菲/指导：王淼）

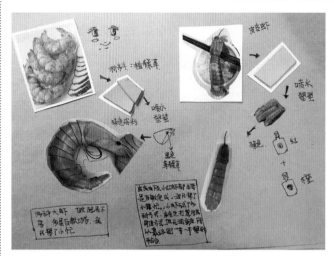

（2）拟定方案

根据图片和所学的皮艺雕饰、染色、塑形、印花等知识，对所选用的菜肴进行技法的拟定，有针对性地梳理出相应的方案（图2-140）。

图2-140　拟定方案图（作者：屈霭加/指导：王淼）

图2-141　扇贝制作过程图（作者：屈霭加/指导：王淼）

（3）技法实践—反思—技法实践—制作正式作品（图2-141）

根据实际原图物体形态，寻找相对应的工艺表现技法与技艺，进行模拟。如扇贝的制作，根据扇贝是一个半弧形状并且身上有花纹的特点，选用植鞣革，对其外壳进行雕花，同时运用皮革的可塑性，对皮革浸湿塑形，塑造成扇贝的形态；扇贝内部的贝肉部分可选用棉花，把其戳成贝肉的样貌；让人感觉到垂涎欲滴的水状则可以运用高透的水晶滴胶来混合制作。

（4）由创作分析所得的设计方法总结

① 在创意思路上注重对客观物象的再现。

② 在创作技法上利用仿生模拟以及皮艺技法综合应用（塑形、染色、雕饰等）。

四、圆雕形式皮艺的设计方法

在对经典皮艺和优秀学生作品进行了图像与创作步骤的双重分析之后，我们不难发现，任何一件艺术作品或设计作品都可以从创意思路以及创作技法两方面分析出其作品的特点和优势，而以圆雕形式皮艺来说，将这些优秀作品两方面的特点与优势加以总结归纳，并结合更多的经验与实例来与我们所归纳出的结论相互印证便可总结出关于圆雕皮艺的设计方法，而优秀作品的独特性，往往是建立在这些已经成熟或趋于成熟的设计方法之上的，只有将这些设计方法加以学习融汇，并应用于自己的创作过程之中才能得到好的作品。

1. 圆雕形式皮艺的创意思路

圆雕形式的皮革工艺品分为偏实用性与偏装饰性两个大的门类，而不管在哪个门类之中，选用最适合的创意思路无疑可以使得整个设计过程事半功倍，只有在创意思路的大方向上理清脉络，才可以创作出好的圆雕作品。而由于圆雕形式的皮革工艺品具有多角度观赏的特点，而实际运用圆雕技法的作品多以立体皮塑或生活用品两个分类为主，这就要求创作者在创作圆雕工艺品时，对于其创作目的的把控成为选择创作思路的重中之重，以下几点由经典皮艺作品或优秀学生作品中总结归纳出的创意思路或许并不能满足所有的圆雕作品要求，在创作中运用多种创意思路融汇构建作品的情况也屡见不鲜，但掌握了这些经过时间与作品历练的创意思路，无疑有助于设计进程的推进和自身对于圆雕形式皮艺作品的思考。

（1）客观物象再现

在圆雕形式的皮艺案例中，客观物象的再现与模仿是至关重要的内容，在对各种物象进行再现的过程中，创作者会不断精细自己对于圆雕技法的运用，而圆雕这种360°立体无死角的呈现方式也使得创作者对于不同的材料、颜色、质地、质感的再现都要有着精细且深刻的推敲，灵活运用各种技术手段，才能使得再现成为可能。

在此基础上，合理运用客观物象，将其置于不同环境、语境之中或将不同客观个体组合成有联系的整体之后，也会产生装饰性、观念性较强的作品，这也体现了这种创作思路的泛用性与广域性。

（2）环境氛围中的装饰化形式

这种创作形式对于判断创作目的要求较高，要求创作者在不同的环境、语境之中运用不同的技法和形象最后达到装饰化的效果。作品表象的形体是为了作品所装饰或所影响的空间氛围而服务的，并不仅仅是单独且突出的作品。

根据具体情况的不同，创作的目的也会有所不同。面向广大消费群体的作品多强调泛用性，整体协调性也要偏向于大众审美所接受的范围，对于多种不同的空间都要有着一定的适应性。而根据品牌、个人或某特殊空间所定制的作品则要在具备强装饰化风格的基础上不失其独特性与观念性。因此在创作这类作品时，要将作品所处的空间氛围视作作品的一部分来看待，根据不同的情况将作品或突兀或自然地与其预计所处的环境、语境相结合。

（3）个人观念的表达形式

圆雕形式的皮革工艺品因其强烈的表现性和多层次的观看角度往往会成为艺术家们创作装置作品、雕塑作品等艺术作品时所选取的形式，将圆雕技艺与其他不同门类的创作手法相结合而产生的艺术作品也并不鲜见。在创作这类作品时，圆雕皮艺突出的表现力和对皮革更强的塑造性是值得注意的部分，圆雕形式皮艺的创作技法在此时完全服务于创作者自身的观念或情感表达，在创作这类作品的过程当中，选择圆雕形式皮艺多是由于作品的表达需求需要圆雕的某种特点及特质，将圆雕皮艺的特点充分发挥，并良好地嫁接到自身观念之上方可称之为成功的圆雕形式皮艺作品。

2. 圆雕形式皮艺的创作技法

圆雕的种类繁多，不同的圆雕皮艺有着不同的技法与技艺，其中最重要的也是最让设计师们头疼的当属如何让一张平面的皮革变成立体的形态问题了。

选择的物象不同，塑形的方式也就各不相同，在这里我们一起来剖析几种常见的塑形方式是如何与设计相结合的。

（1）根据物象原型进行塑形

以螃蟹为例。根据物象的结构我们可以把其拆解为顶盖和腿两个大的部分，每一只腿再拆解为每一节为一个小的单元形态。先把植鞣革喷上水，这时要注意潮湿即可，不可以让其完全湿透，过度湿润的皮革在塑形过程中会回弹；根据每一个单元形态进行塑形，螃蟹顶盖要注意边缘的处理，不可以塑造成一个半圆，要有高低起伏；同时螃蟹的腿部要注意关节与关节之间弯折点的上下叠压方式，最后将所有塑形好的零部件组合起来，如图2-142所示。

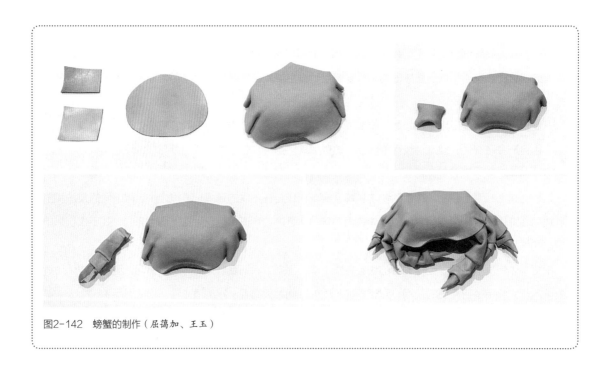

图2-142　螃蟹的制作（屈蔼加、王玉）

（2）根据模板折叠、缝合、粘贴制作而成

此类造型其样式丰富，是在小型皮件皮具中运用最多的形式。首先需要制作出所做皮具的版型，这种版型可以是亚克力材质的，也可以是刀模，根据裁切好的版型对皮革进行下料，同时用缝合线从模版上的孔按顺序穿过，把缝合线拉紧打结，一个造型立体的小象就做好了（图2-143）。

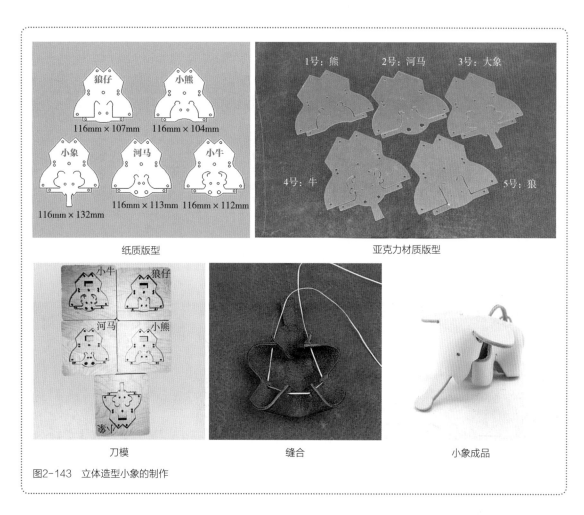

纸质版型	亚克力材质版型

| 刀模 | 缝合 | 小象成品 |

图2-143　立体造型小象的制作

（3）根据形体的转折进行拼接

拼接也是设计中最常用的方式，设计师根据物象，把一个整张的皮革分割成细碎的部分，再进行拼接缝合或粘贴。这种做法不仅巧妙地解决了弧度的问题，而且在皮料的使用上也更加节省（图2-144）。

五、项目案例完整分析

1. 《爱丽丝梦游仙境》童话故事皮艺作品

（1）概念解读

图2-144　皮革花瓶（Ive design | via de nieuwe winkel Den Bosch）

白雪公主、灰姑娘、海的女儿……这些都是人们耳熟能详的童话故事，童话让人长知识，让人快乐，许多人都是看着童话故事、在童话的引导下长大的。童话世界充满了美好和幻想，以童话故事为主线的思维发散如图2-145所示。

（2）主题调研

该作品的主要目的是以仿生为主，以模拟为一个导向，调研的方向主要是爱丽丝仙境到底是什么样子的，以此来考量设计作品最终呈现的效果，所以调研的资料以图片为主（图2-146至图2-148）。

（3）草图、效果图设计

将调研的图片作为整体设计的图像参考，进行草图和效果图设计（图2-149、图2-150）。

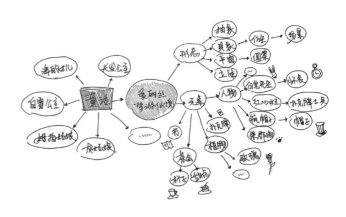

图2-145　以《爱丽丝梦游仙境》为主线的思维发散

图2-146　《爱丽丝梦游仙境》电影场景调研（作者：关凯恩/指导：王淼、祁子芮，下同）

图2-147　关于剧情的插画风格调研

图2-148　关于剧情的元素调研

图2-149　爱丽丝梦游仙境草图

图2-150　爱丽丝梦游仙境效果图

（4）制作成品

① 帽子：首先裁出帽子所需要的形状和大小的皮料；用交叉缝法把帽筒缝好；把帽子上的几个部位零件粘贴好，用酒精染料上色；把帽子上的带子用水喷湿，按照帽子形状塑形，用酒精染料上色；把带子、绒线粘在帽子上；在一块小的矩形皮革上用数字印花工具冲印出数字，用油性染料染色；用胶水、闪粉、铁丝做出装饰用的糖果棒；最后把数字皮革和糖果棒粘在帽子上，如图2-151所示。

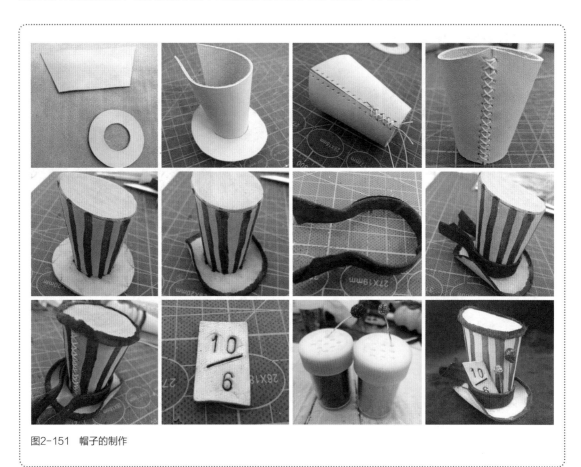

图2-151　帽子的制作

② 圆蛋糕：首先裁出圆蛋糕所需的皮料，按照蛋糕的形状黏合；在蛋糕中间空心处填充棉花；最后用胶把装饰用的绒线、亮片、闪粉粘贴在皮面上；蛋糕碟用两片圆形皮料，使用印花工具打一些印花图案装饰，如图2-152所示。

③ 甜品盘：首先裁出三块不一样大小的圆形皮料，使用印花工具在皮料上打印出图案，做成三个盘子；用一根铁丝把三块皮料连接起来，用胶固定位置；最后用闪粉、木棒、亮片、珠子做成甜品、糖果，用胶粘在甜品盘中，如图2-153所示。

图2-152　蛋糕的制作

图2-153　甜品的制作

④ 其他甜点：首先裁出所需皮料；需要时用酒精染料染色；把皮绳、亮片、珠子、羊毛毡、绒线、闪粉、木棒等材料用胶固定作为装饰，如图2-154所示。

图2-154 其他甜品制作

⑤ 制作草坪：首先把植鞣革薄皮碎料揪成皮屑（或用工具把植鞣革碎料削皮屑），用浅绿色和深绿色的酒精染料染色，混合浅绿色的皮屑和深绿色的皮屑，在木板上涂上胶水，把皮屑粘在木板上，如图2-155所示。

⑥ 桌子：首先裁出一张长方形皮料（桌板）和适量的长条方形皮料（桌腿）；在桌板背面加厚使其硬挺些，把长条方形皮料黏合成一条条桌腿；用酒精染料上色，画出木纹；最后黏合成完整的桌子，然后把桌子固定到木板草坪上，如图2-156所示。

图2-155 草坪制作

图2-156 桌子制作

⑦ 椅子：椅子腿同制作桌子腿一样，用长条方形皮料黏合而成；椅子靠背用长方形皮料黏合；用酒精染料上色，画出木纹；最后黏合成一张张椅子，然后粘到木板草坪上，如图2-157所示。

⑧ 组合：首先把桌布裁好，然后粘贴在桌面上；把装饰用的皮屑和甜点等依次摆好粘到桌面上；可以用一些小皮料通过塑形、染色、黏合做成小蘑菇装饰草坪，如图2-158所示。

最终效果如图2-159至图2-162所示。

图2-157　椅子制作过程图

图2-158　整套桌椅的组合

图2-159　爱丽丝梦游仙境茶话会场景

图2-160　扑克国王

图2-161　纸牌士兵

图2-162　翻转茶杯

2.《拇指姑娘》童话故事皮艺作品

（1）概念解读

从小组命题童话入手，进行思考与解读：小时候，童话陪伴在我们身边，引导我们认识世界。长大后，我们从童话中解读出新的含义：纯真、怪诞、正义与邪恶、美好与破灭……通过皮革皮艺，来讲述童话故事，给人以新的感受。梳理读过的无数童话故事后选择《拇指姑娘》作为自命题进行调研与设计制作。

（2）思维发散

通过《拇指姑娘》故事进行思维发散，寻找具体故事切入点，场景选择点及整体风格基调（图2-163）。

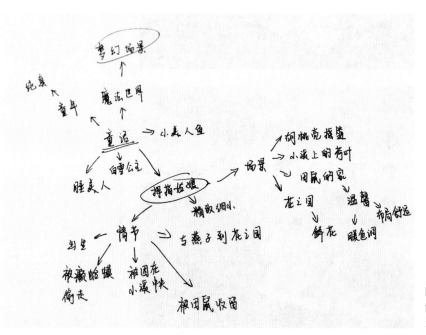

图2-163　拇指姑娘思维发散图（作者：刘嘉颖/指导：王淼、祁子芮，下同）

（3）主题调研

根据思维发散导图明确调研图片内容（图2-164），并进行图片素材查找与调研。此时的图片查找是海量的、多风格、多视角的，不同风格及画风的图片能激发创作思维的多元化（图2-165）。

以《拇指姑娘》的故事剧情为线索（从拇指姑娘出生，经历了一番挫折，到最后与花之国王子生活在一起）进行大量的相关图片调研（图2-165）。然后根据不同的情节环境构建出所需要的童话元素，再对相关元素进行调研，例如荷叶经脉的走向、水纹波动的效果、树木与树桩的质感等，并考虑如何用皮革皮艺做出与童话意境相关的效果。

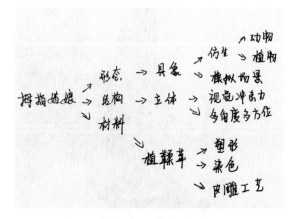

图2-164　《拇指姑娘》发散导图

图2-165　关于拇指姑娘题材的海量调研

（4）草图、效果图设计

通过调研的图片及故事内容了解具体故事情节发展，选定出几个具有代表性的故事情节，勾勒出与情节相关的场景，主要描绘拇指姑娘所生活过的环境，确定创作元素。草图绘制时要紧扣相关情节，要尽量画得细致，让人一目了然。同时要注意可实施性，思考与之相应的材料、工艺及作品尺寸。最后确定工艺试验的小作业草图（图2-166至图2-170）和最终创作的大作业草图（图2-171），并初步形成制作方案。

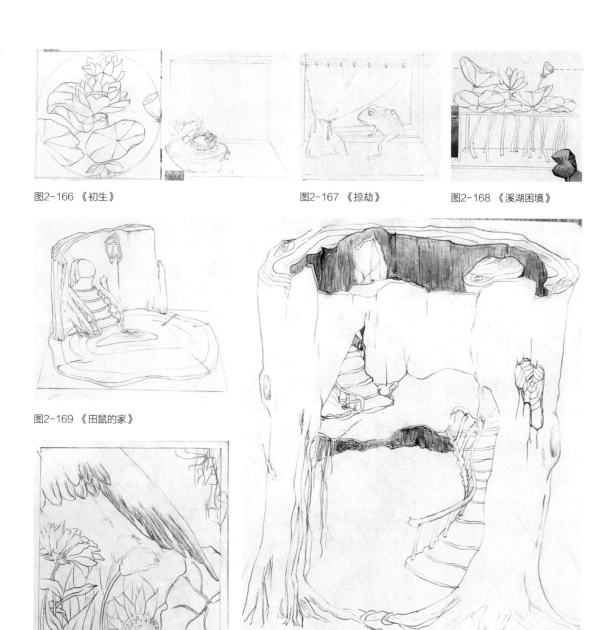

图2-166 《初生》　　　　　　　　　　图2-167 《掠劫》　　　　　　　　　　图2-168 《溪湖困境》

图2-169 《田鼠的家》

图2-170 《花之国》　　　　　　　　　　图2-171 《小屋》

（5）工艺试验

　　①《初生》的雕饰探索：拇指姑娘出生之后，母亲在窗台上放了个小碗，装上水，用花瓣点缀，供拇指姑娘玩耍。小作品《初生》将拇指姑娘玩耍的场景构建出来，主要将皮雕工艺应用在小碗上。

　　a. 把设计好的图样画在硫酸纸上，将硫酸纸压在已裁好大小的植鞣革上，用水将皮革表面喷潮湿，皮革背面贴好胶带防止皮革变形，用铁笔将图样勾勒在植鞣革上。

b. 将植鞣革上的图案用雕刻刀雕刻出来，再使用印花工具打印出基本轮廓，使背景部分全都凹下去，突出纹样部分。再用酒精染料染色，染出荷花、荷叶等所需要的效果（图2-172）。

图2-172 荷花、荷叶上色

c. 在已经雕好的皮雕上做珠绣工艺，再将皮革浸水，利用植鞣革可塑形的特性将其塑成碗状（图2-173）。

图2-173 塑形

d. 将碗以倾斜的方式固定在一张已裁好固定大小的植鞣革上，把水晶滴胶滴在周围做水流效果。但因为水晶滴胶滴在植鞣革上会导致植鞣革发黑（图2-174），所以最后又在上面撒了一层蓝色闪粉遮住发黑的部分（图2-175）。

图2-174 滴上水晶滴胶

图2-175 撒上蓝色闪粉

②《田鼠的家》的雕饰探索：拇指姑娘在树林里流浪时，好心的田鼠收留了她。小作品《田鼠的家》主要构建的是田鼠的家刚进门的场景；藏在树木里的隐秘小洞。

a. 将植鞣革用水喷湿，根据树皮纹理的图片，用雕刻刀雕刻出树皮纹理，再使用印花工具做出树皮深浅不一的效果。如果整块皮都做成树皮纹理的样式，会显得很拥挤，同时也会花费更多的时间，因此留白了一些部分，让其看起来更疏密有致。雕刻工序完成后，用化妆棉将防染剂均匀涂于作品表面，每隔15min涂一次，共涂3次，最后涂上茶色油性染料（图2-176）。

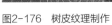

图2-176 树皮纹理制作

b. 用废皮料将已雕刻好的树皮皮料加厚，使之能立在平面上。再以与雕刻树皮效果相同的工艺雕刻出树桩横截面的效果（图2-177）。

c. 将树桩与树皮组合在一起，最后用废皮料裁出特定的形状，一层层贴好组合起来，做出楼梯的效果（图2-178、图2-179）。

图2-177　加厚树皮皮料、制作树桩效果

图2-178　制作楼梯

图2-179　将楼梯、树皮组合起来

③ 羽毛的雕饰探索：这是小作品《花之国》的一部分，主要以皮雕工艺做出羽毛的立体效果。

先将设计好的图样雕刻在植鞣革上，再使用印花工具打印出基本轮廓，并设计打印背景纹样，制造出图案纹样的立体感。翅膀羽毛部分用小刀轻轻划开，使羽毛部分更有立体真实的效果（图2-180）。用小刀划开的时候注意羽毛部分要尽量薄一些，不要用力过度，否则会将羽毛部分划烂。

图2-180　羽毛制作

（6）制作成品

大作业《小屋》主要构建的是田鼠家中温馨梦幻的场景。

① 下料，制作树屋外皮所需要的版型。树屋的外皮用两块植鞣革黏合在一起，使树屋更好地立在平面上。先将植鞣革表面用水擦拭一遍，再将茶色酒精颜料与水调和，整体上一层浅茶色背景色，再用酒精染料绘制木纹，绘制时要注意颜色的深浅变化（图2-181）。

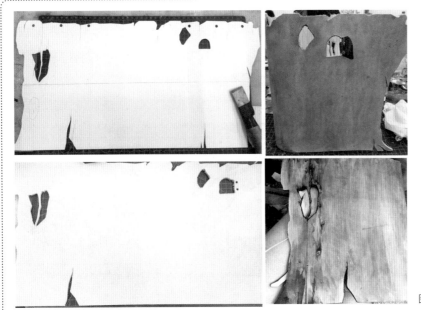

图2-181 树屋外皮制作

② 制作木屋的小门，用迷你合页将小门与树屋连接起来（图2-182）。

③ 制作藤蔓。先将皮革剪成一片片小叶子形状，用浅绿色酒精染料染色，再用细皮条将叶片连接起来（图2-183），最后将藤蔓附在树屋外皮上（图2-184）。

图2-182 树屋小门制作

图2-183 树屋藤蔓制作

图2-184 藤蔓与树屋外皮结合

④ 制作树桩横截面效果。用刻刀在植鞣革上雕出树纹的纹理，使用压花工具将纹理做得更有凹凸感，最后用酒精染料染色，根据纹理疏密调节颜色深浅（图2-185）。

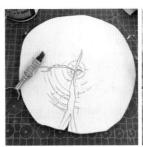

图2-185 树桩效果

⑤ 将树屋外皮与树桩部分黏合，使树屋结构分为上下两部分（图2-186）。

⑥ 把废皮料一层层黏合做出楼梯台阶，最外层粘上植鞣革，用刻刀雕出纹理（图2-187）。用较薄的植鞣革卷成长条，再在周围缠上小皮条，做成楼梯栏杆的形状。将碎皮屑粘在上面染成绿色，做出青苔的效果（图2-188、图2-189）。最后将楼梯部分与栏杆部分黏合起来（图2-190）。

  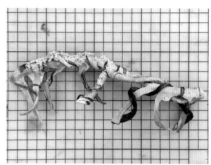

图2-186 树屋外皮与树桩部分黏合　　图2-187 小楼梯　　　　　图2-188 楼梯栏杆形状

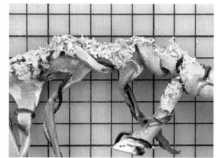  

图2-189 粘上碎皮屑并染色　　　　　　　　　　　　　　图2-190 楼梯与栏杆黏合

⑦ 制作鞋架和小鞋子。鞋架要与楼梯、小门等木制品区分开，因此在鞋架上所制作的木头纹理较少。小鞋子的制作比较简易，先剪出几片大概形状的皮料，染色，黏合，最后再粘上小珠子作为装饰（图2-191、图2-192）。

⑧ 制作壁炉墙面效果。根据砖墙的样子在植鞣革上刻出一块块长方形，再使用印花工具使缝隙部分凹下去，做出砖墙深浅不一的效果（图2-193）。

⑨ 制作椅子。用皮料先将椅子大形粘出来，再用茶色酒精染料上色，粘上叶子，做出藤蔓缠绕的效果（图2-194）。

然后将制作的小道具摆在一起（图2-195）。

图2-191 制作鞋架与小鞋子

图2-192 鞋架与小鞋子黏合

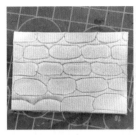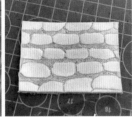

图2-193 制作壁炉墙面效果

图2-194 制作椅子

图2-195 将制作好的小道具摆放在一起

⑩ 将废皮剪成较细的皮屑，浸泡在酒精染料中。取出后平铺在木板上，做出青草的效果（图2-196）。

（7）最终效果

最终拍摄的图片要有温暖梦幻的效果，因此在小屋底层粘上暖色小灯，使氛围更加温馨（图2-197）。

局部细节效果如图2-198、图2-199所示。

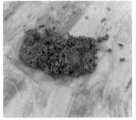

图2-196 制作草地

图2-197 《小屋》

图2-198 局部1

图2-199 局部2

两个与水有关的小作品（图2-200、图2-201）用蓝纱作为背景拍摄，做出流光溢彩的效果。其他作品以灌木丛、草丛、树枝为背景，做出与自然生灵相结合的效果（图2-202至图2-204）。

图2-200 《初生》

图2-201 《溪湖困境》

图2-202 《掠劫》

图2-203 《田鼠的家》

图2-204 《花之国》

第四节 皮革艺术的跨领域设计与制作

一、课程要求

📝 课题名称

手工皮艺设计

▤ 课程内容

本课程是前期课程的进阶版，针对家居用品、饰品、皮革艺术品等跨界皮艺品展开。通过学习，深入了解手工皮艺以及在各领域、各学科的应用，以创新的手工设计思维推动精致的手工皮具制作的技法学习。为有意愿以手工皮艺设计为未来发展方向的学生打下基础，同时也可将其创造性的思维应用到其他领域。

◁ 项目时间

72学时

⊙ 训练目的

本课程的主要目的是以设计思维和表达为主线，将皮革技艺进行跨领域的创新，一方面使学生可以更多地体验皮革技艺在不同领域的应用与变化，另一方面展示学生们更多元和更有创造力的设计思维，使他们能够根据自己的想法创作出新鲜的皮艺作品。

◎ 作业要求

本课程注重培养学生对基础的手工皮艺技能的掌握以及应用，在教学过程中主要以任务驱动式和探索式教学方式为主，在教与学的教学情境中，学生自主进行手工皮艺的实践探究。

▦ 项目作业

学生自主寻找概念命题和皮艺表现风格、类型，进行调研，得出结论，总结归纳出子命题。把皮革材料作为表达媒介进行创作，赋予其新的意义，形成一种"有意味"的形式。主要内容如下：

① 主题调研。学生根据主题进行调研，寻找设计灵感，并提炼出有意思、有创意的点，进行思维发散等。

② 皮艺风格调研。学生对自己感兴趣的皮艺风格进行调研，并选出自己喜欢的风格，作为作品风格参考。

③ 完成一个视觉日记本。内容形式不限，拼贴、手绘、打印均可，尺寸如A3纸大小。记录整个的思维、试验、设计过程。

④ 每个人至少手绘一个系列效果图，选出一个作品制作成实物；实物风格不限，跨界皮革制品、皮艺品均可。

二、跨领域皮艺的基础知识

跨领域皮革设计是将各种形式的皮革艺术相互之间关联贯通，或与其他艺术门类的表现手段和技法相结合而产生的新兴艺术门类。在创作跨领域的皮艺作品时，要注意皮革材料与其他材料性质的关系，也要将皮艺创作技法与其他艺术门类的创作技法进行有机结合，而不是各行其是，只有将多种材料、风格融会贯通，使皮革材料和皮艺技法与其他的材料、手法产生联系，所创作出的作品才是完整的，而不是将互不相关的精妙个体聚拢一处。

在设计跨领域的皮革艺术作品时，最重要的就是两个领域属性的兼具性和包容性。

皮革作为材料的一个门类，其下包含着多不胜数的皮革种类、形式技巧和创作思路，在与不同领域跨界时，选择相应的材料和技法与之相匹配则成为跨领域皮艺设计过程中的重中之重，不论是个人艺术作品还是小组形式的艺术项目，都需要艺术家或创作团队对于每个领域风格的深入了解，而仅以皮革艺术领域而言，对于不同皮革材料的掌握和对于皮雕、圆雕、高浮雕等皮革艺术形式的理解才是设计创作跨领域皮革艺术设计的基础。

在跨领域皮革艺术设计中，根据创作目的划分，比较常见的一是设计批量化生产和产品形象植入的品牌装饰性物品设计，二是追求个人观念表达的跨领域艺术作品创作。

1. 品牌装饰性物品设计

每一个品牌都会有其相应的DNA，也会涉及批量生产，因而对于一个品牌来说，每一个步骤的明确与准确度最为重要，这样才可以形成流水线进行批量生产。只有领会了品牌一直以来贯彻的内核思想，结合品牌过往的经典设计面貌并考虑到实际投入生产环节中出现的可操作性问题，才可以创作出优秀的品牌装饰性物品设计。

以Zuny品牌为例，Zuny品牌的每一个作品均由分片打板、五金装钉、对位缝制而成（图2-205）。配合每一款作品的缝线，工人师傅以纯熟的技术进行五金对位装钉，为作品画龙点睛，以传承40余年的皮革手工艺手缝近百款作品，做工细腻耗时（注：该制作工艺由zuny品牌提供）。

其中，在材料上Zuny产品采用超细纤维革。超细纤维革对于地球环境是一种友善的材料，从生产到使用过程中几乎不会产生任何污染，环保性能优越，且其结构、纹理与高级真皮极其相似，手感却相对柔软，革表面也更加耐磨、易整理，是设计家具家饰业界中上级别的材料。

分片打板　　　　　　　　　　　五金安装　　　　　　　　　　　对位缝制

图2-205　Zuny品牌制作工艺

2. 跨领域艺术作品创作

对于艺术家而言，与品牌的批量生产作品的思维完全不同，艺术家更注重个体的感觉与感知，皮革更是作为其艺术表达的媒介。在这里可以称之为是一个形成"有意味的形式"的过程。

皮革材料单以材料本身而言，因其涉及的文化属性较为丰富，且具备不同性质、质感的种类繁多，在当今艺术的材料多元化趋势下不可避免地成为很多艺术家、创作团队所选用的创作材料。在对材料的运用过程当中，不同的皮革艺术表现形式与其他艺术门类领域的沟通交融则成为难以避免的问题。如何在合适的语境之下运用合适的技法和表现形式，最终呈现出最具表现力和观念输出效果的作品也是值得研究的命题。

以皮革壁画艺术作品《升腾的爱》（图2-206）为例，这件作品整幅画面高约4m、宽3.8 m，其灵感来源是人类的和平与永恒的爱，超越男女之情的孕育之爱、母子之爱，是人间的大爱，是人与自然之间的和谐共生。作品上面包括升腾的植物、盛开的花、祥云和大量带有寓意的图案，就像中国传统文化图案中表达的图必有意，意必吉祥。其中翻腾的云纹、水纹、花、凤凰都是变化而来的，象征着一种生命力，一种传承和正能量。同时皮绳与塑形而成的藤蔓构成画面美感的装饰性纹样，坚持线的情感性理念，由弯曲、向上、富有生长感的线组织起整幅画面，同时也是每个板块之间的桥梁。这时候，画面中的线不再是一根单线，藤蔓、祥云、女子的头发都可以作为画面中的线，由密集的线排列成为面，无数升腾的线构架出富有韵律、动感的升腾的画面。

图2-206　《升腾的爱》（林强、王森、李永炜、马彧/皮克皮艺工作室　中国）

三、具体案例的图像分析及创作步骤分析

（一）案例1——经典的皮革艺术的跨领域设计案例

1. 皮革首饰艺术家 Heejoo Kim

Heejoo Kim是韩国当代首饰艺术家，Heejoo Kim的作品灵感来源于大自然。她利用金属和皮革这两种材料的结合向观者展示了植物的特征，并使这些特征呈现出双重性和对立性，比如和平与冲突、被动演化等。同时，这种将大家所熟知的植物外观与从真实植物外形转换而来的特异形状相结合的方式，也呈现出了极具震撼性的效果，而将动物形态与植物的部分外形相结合，则形成了另一种超自然的感官效果。

Heejoo Kim打算通过新材料展示植物的各个方面，它们在作品中被视为二元或矛盾的。动物器官和植物器官的混合，接近于一种超自然的突变。包括熟悉和不熟悉的组合，平静和恐惧、被动和主动在同一作品中呈现。皮革、应用新材料和金属工艺技术、电成型技术在她的工作中起着举足轻重的作用。电铸金属粒子随着时间的推移而积累，使材料具有独特的质量。皮革切割染色拼接，与金属相结合，形成独特肌理。Heejoo Kim设计的首饰作品如图2-207所示。

图2-207　Heejoo Kim 首饰作品

2．Zuny——葛洛伯时有限公司

为传承母公司40余年的皮革制鞋手缝工艺，Zuny 2007年诞生于中国台湾（以下简称Zuny），是一个专注手工皮革工艺制作的创意生活家居品牌，主张亲近生活，拉近人与物件的距离。

"以崭新的设计思维，赋予传统工艺新的生命"是Zuny坚持的设计理念。主要设计动物外形的书挡、纸镇与门挡。擅于以熟练的工艺与洗练的剪裁呈现圆润线条，还原物件与人之间原有的亲近关系。

图2-208　Zuny——葛洛伯时有限公司系列产品

产品材质皆以超细纤维革为主材料，内里以聚酯纤维和铁球（铁丸）填充，而且每一个产品都是纯手工制作，将细节之处完美地展示出来。

从2018年开始，除了设计动物外形的书挡、纸镇和门挡以外，Zuny也开始尝试设计家居摆设品与家具，不断丰富产品种类，逐步形成属于自己的生态圈（图2-208）。

Zuny旗下有三大系列，分别是Zuny（祖尼）系列、Classic（经典）系列和Special系列。

Zuny系列（图2-209），以强化特征元素为设计要点，透过简化而生动的线条表现，给每个拥有者留下自由想象的空间。

Classic系列（图2-210），以呈现动物最原始的样貌为基准，繁琐的构成被精简的线条取代，恰如其分地留下可细细端详韵味的细节。而那一双眼睛犹如点睛之笔，暖化了因为生活而麻木的内心，让人不由自主地想要亲近。

图2-209　Zuny 系列

图2-210　Classic 系列

Special系列（图2-211），在创
新中玩转设计，在超细纤维革上采用刺
绣、植绒与印刷等技术，赋予Zuny设
计品全新的样貌。

3. 壁画领域的应用

皮克（皮艺）工作室是由本书编者

图2-211 Special 系列

和艺术家林强、马彧为主成立的皮革艺
术工作室，是以皮革及综合材料为材质和媒介进行的各种"有意味的形式"探索的研究型工作室，该工作室
强调中国传统艺术文化的传承与发展，把中国传统文化中的元素以皮革等多种媒材进行研究与再创造，进行
了壁画、装置和跨领域的多方面的创新试验，代表作品有《升腾的爱》《"瓶"安是福》《祈祷》《说出"花儿"
了—2018》（图2-212至图2-214）等，其中《升腾的爱》在第十二届全国美展中获优秀奖，并入围第三届
全国壁画大展。

图2-212 《"瓶"安是福》（材质：皮革，尺寸：150cm×150cm）

图2-213 《祈祷》（材质：皮革，尺寸：150cm×150cm）

图2-214 《说出"花儿"了—2018》（材质：皮革）

（二）案例2——优秀学生作品案例分析

1. 有观念的装饰性作品——邓雪伦作品案例分析

在当下信息爆炸的时代，所有的信息都以高速化、碎片化呈于我们的眼前，而当我们步入了电子时代，
曾经有着最强即时性的纸媒也逐渐失去了其"传递第一手信息"的功能，与废弃的信件、不再被重视的书籍
一起沦为故纸。这些纸本材料承载的信息随着时间的推移变得不再新鲜，并慢慢被人遗忘，但与网络媒介、
手机屏幕相比，作为载体的纸本无疑有着更深的厚度和更具时代性的故事。创作者认为皮革是一种有温度的
材质，匠人沉静、精益求精的精神更赋予了皮具一份厚重温暖的心意。现如今，曾经冰冷的、碎片化信息的
代表已不再锋利，而皮革材料则始终如一，两者给人不同的感官碰撞却又有着一定程度上的相同意味。由

此，设计者顺应当今环保的趋势，将一些皮革废料和废旧纸张复合在一起，保留老旧的纸张被翻阅多次后边缘的不规则形状和皮革废料本身的颜色，并热压上TPU薄膜，营造一种"将过去的记忆封存"这样的美好感受，制作出一种环保的新型面料，在此面料的基础上，制作成不同形式的饰品、包具，将设计者所传达的观念赋予产品之中。

该作品由皮革材料和纸质材料相交融，用造纸技法将两者融合并用皮艺技法制作成品，在从材料选取到最终成品的过程中蕴含着作者深刻的创作观念，而最终呈现的形式则是具备一定装饰性与实用性的产品，是跨领域皮艺作品的较好写照。

制作过程如下：

① 拟定方案：在观念成型的基础上，进行思维发散，并结合实际材料探究作品的可行性（图2-215）。

② 材料选取与处理：在材料的选取过程中，除了都市散落陈旧的小广告、老旧报纸与杂志，还有片皮机旁边发现的很多制作其他作品时产生的一些很薄、一撕即成沫沫的废料、碎料（图2-216）。

将废纸与皮革废料以造纸工艺溶混，并过滤晾晒，热压TPU后得到新的混合材料，如图2-217所示。

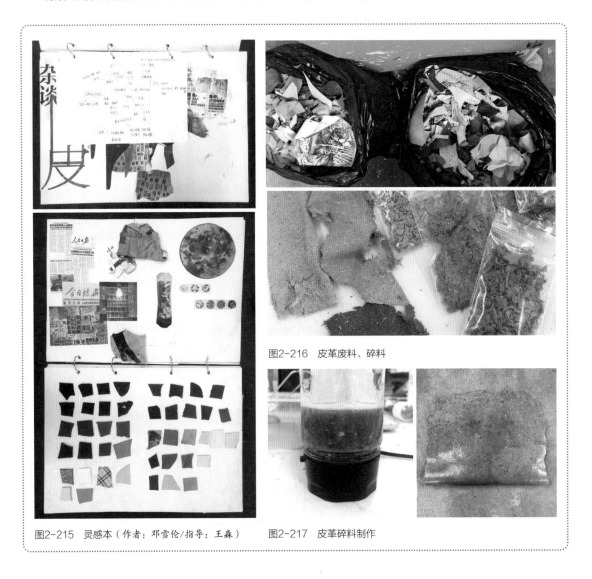

图2-216 皮革废料、碎料

图2-215 灵感本（作者：邓雪伦/指导：王淼）　　图2-217 皮革碎料制作

③ 塑形与成品制作（图2-218）

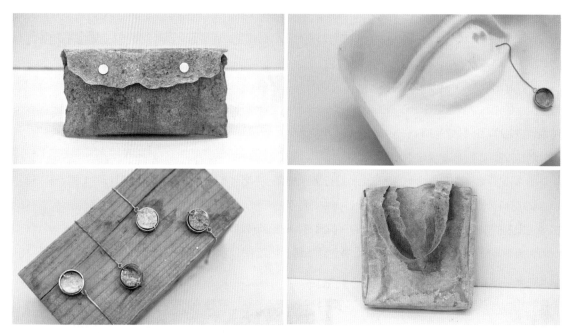

图2-218 邓雪伦作品（指导：王森、祁子芮）

2. 跨领域的艺术作品创作——《Connect》案例分析

环保是近些年艺术作品中经常体现的题材之一，动物保护也是多年来社会上不断讨论的问题。而皮革艺术的创作者们日常所接触的绝大部分材料皆来自于鲜活的生命，这也使得皮艺创作者们对于动物保护题材具有更独特的看法和更敏感的思考。

市场对动物身体部分的需求，驱使无数偷猎者非法捕猎。在非洲有缴获的数以万计的非法捕获的犀牛角和象牙。有的偷猎者在小象面前残忍地猎杀了他们的母亲，小象目睹母亲痛苦挣扎过程后绝望地吮吸着死去母亲的母汁；有的偷猎者为了防止被发现，先给动物注射镇定剂，取走其身体部分后，让动物逐渐在清醒的痛苦中死去。不符合人道主义的动物标本制作等乱象也在世间丛生。除此之外，在皮革材料领域，庞大的皮革市场利润让一些传统畜牧业者及皮革和皮草制作商虐杀动物，用不人道的处理方式寻求获得更大的生产利益，以及没有相关规范的国家在处理染色鞣制时产生的巨大环境污染等问题也逐渐泛滥。当下，除了生产合乎法律、道德和环境标准的皮革以外，我们也可以从其他可持续材料设计的角度思考。对于人道主义的探讨、对于违规皮草生产的抗议和对于新材料的研究，将三种观念相互串联，试图探讨人与自然的关系和连接，则是《connect》所要传达的观念（图2-219）。

图2-219 《connect》（作者：宋鑫/指导：王森、祁子芮）

该作品是作者运用皮革艺术技法结合其他材料所创作的装置艺术作品，作者将大象被偷猎后的形态解构为四个块面，并将大象真正受到伤害或被夺走的器官用红色毛线进行标注、连接，使人直观地看出弹孔、麻醉、取牙的痕迹，进一步表达相较于大象庞大的躯体和鲜活的生命而言，这些看似微不足道的伤痕与利欲需求却足以致命的事实。作者运用劣质的头层牛皮进行作品创作，这些劣质皮之所以劣质的原因则是因为其皮面上有大量牛生前所产生的伤痕，反映了动物被不规范养殖与宰杀的状况，而商家为了使其在市场中流通，通过压花这种掩盖处理的方式，对其进行二次处理，进而谋取更大的利润。红色纺线在大象躯体、劣质皮草和观者视线里进行连接，以视觉冲击性传达作者的观念。

该作品是一个典型的皮革艺术跨领域作品，作者从材料选用方面显示了其对于皮革材料的熟悉与掌握，而对于作品大部分的处理、塑形也是在皮革艺术技法的基础上完成的，但作者所探讨的观念以及作品最终的呈现形式却与传统的皮革艺术形式大不相同。作者在观念艺术与装置艺术领域灵活地运用皮革材料，能更加明确地表达观念，在皮革艺术跨领域作品创作中是值得学习的点。

四、跨领域皮艺的设计方法

1. 跨领域皮艺的创意思路

在对经典的跨领域皮艺作品进行赏析后，我们发现，当下经典的跨领域皮艺设计作品在设计思路上与创作目的息息相关，即分为以品牌为主的跨界皮艺作品表达和以艺术家个人作品为主的跨界皮艺作品表达两种，并不像此前对于圆雕、高浮雕等皮革艺术形式的分析中讲到的，皮革艺术门类与皮艺创作思路上一般有着差异性与交融性。

产生这种情况的原因则是因为在跨领域的艺术设计作品中，对于每个艺术领域、表现形式、材料选择都有着很强的目的性。在对作品进行前期构思的阶段，每一种艺术门类对于该作品最终效果的影响和作用都有大致的确定，而不是盲目地堆砌艺术门类和材料，虽然可以在创作过程中根据遇到的问题进行改动和调整，但作品的大致方向确定之时，不同艺术门类在作品中所产生的作用也应确立完备。

2. 跨领域皮艺的创作技法

跨领域皮艺形式虽然与传统的皮雕、圆雕等皮艺形式成并列关系，但跨领域的皮艺作品根究至创作技法层面大多也都是沿袭其他皮艺形式的创作技法，而对于其他形式创作技法的灵活选用则成为关键。

此外，根据不同的创作情况灵活运用工具，将其他艺术领域中所蕴含的技法特点运用至皮艺创作部分也是值得注意的创新思路。在此以皮革壁画《升腾的爱》的表现手段与表现技法为例（图2-220），分析不同皮艺手法在作品中发挥的作用。

图2-220 《升腾的爱》壁画全景

（1）构图上

通过画幅的增大，使得皮革的种类、造型形式、内容的丰富性、表现力得到更大空间的发挥。拼组式的画面被分割成六个高矮不同的板块，以加强画面的空间前后的视觉感，最下方的板块制作成一个带有斜坡的台面，上面立体的藤蔓蜿蜒上升进入画面，转化而成半平面的浮雕形式的藤蔓，再由着藤蔓的生长演变成平面的翻滚祥云，由此营造出一种动与静、立体与平面、真实与图案相互转化的错觉感，这种进入感不再受原始墙面的限制。板块的分割有利于作品的搬运与组装，分担了作品的重量，节约了皮张的消耗，使画面形成一种切分的美感。同时利用人与物的疏密关系突出主题形象，简洁的人物造型映衬在内容丰富的花海与云烟之中，使母亲的形象更为突出，给人一种神圣的感情力量。

（2）空间上

这幅作品主要探索一种更大的空间层次。孕育人类出生的藤蔓和花海，有一部分脱离画面处于第一空间，怀孕的女子处于第二空间，怀抱婴儿的母亲处于第三空间，作为背景的祥云（左上角）处于第四空间。空间与空间之间不仅在画框的厚度上做区分，在空间中物形的复杂程度上都做出了很好的画面控制。利用铬鞣革的弹性塑造而成的立体的藤蔓（图2-221）、半立体状态的花海（图2-222）、浅浮雕造型的人物（图2-223）、平面图案式的背景（图2-224）在画面中形成了明确的空间对比，进而加大了作品的空间纵深感。高低的起伏是加强纵深感的方法之一，利用远处背景颜色的浅淡以及画面内容信息量的多与少使人们在视觉上产生出层层后退的感觉，从色彩、对比、造型、疏密、高低等方面处处强化空间，使得画面更加深远。同时，在不同空间中的立体、半立体、浮雕、平面的皮革造型，也充分展示了皮革的造型能力和艺术表达能力。

图2-221　立体的藤蔓效果

图2-222　半立体状态的花海

图2-223　浅浮雕造型的人物

（3）在造型上

运用符号化的语言来组织画面，一方面符号化的语言可以给人更大的想象空间，由具体的形状造型经过概括、提炼后的形态成为一种感知符号，抽象的人物外轮廓、凤凰、花海、祥云，这些单纯的视觉符号让观者直接感受到画面想要传递的信息。另一方面，皮革的大小尺寸有限，抽象化的语言更有利于皮革材质的利用，不追求局部造型的复杂，而是以众多局部的

图2-224　平面图案式的背景

"简"构架出整体的"繁",单一看每一个花瓣、藤蔓并不复杂,但通过大量的重复与堆积,构架出了花海的样貌。通过抽象化的形态,表达了物象的视觉美感,加入了创作者的情感、想象和审美,从而创作出艺术的画面,调动了观赏者的思维意识。

(4)在色彩上

棕黄色系给人一种古朴、经典、暖暖的感觉,并且在皮革的色系中也可说是经典的色系,故画面的主色调选用了棕黄色系。为了使观者一眼就能看到画面中的人物主体,选取了白色的皮革进行包裹,用强烈的颜色对比让主体形象跳出整个画面的色调,成为作品的视觉中心,强调整幅画面是围绕母亲这个人物为主体而展开的。在画面的创作中,利用植鞣革可染色的方法,充分吸收油画的调色方法,刻意做出了斑驳的效果(图2-225),运用油性染料,仿照绘画的效果进行不均匀地涂抹,在颜色未干透时再用干布去擦拭染色的表面,以达到不均匀的效果。

图2-225 《升腾的爱》局部1

(5)在材质上

合理运用皮革天然的肌理、较好的可塑性、多种呈现方式的样貌,把它们有机地结合在一起,形成有个性的绘画语言,这是其他材质所不能达到的。丰富的内容可以最大限度地发挥皮革自身的优越性:皮革种类、肌理、色泽丰富。铬鞣革具有一定的伸拉性,植鞣革可进行塑形、染色,可进行弯折、打褶、黏合等。皮革材质注入壁画艺术创作中,形成一种独特的美感,使壁画不再拘泥于传统的画法。

(6)在工艺上

简化了传统皮雕工艺中复杂的表现形式和对雕刻基本功的高要求,创造出一种"重复就是力量"的皮革装饰方式,把传统的技艺与现代的思维相结合,运用镶嵌、叠压、拼组的手法制作出丰富的画面效果。在镶嵌的过程中,除了坚持原始的镶嵌方式,还增加了层次递进的镶嵌方式。先对植鞣革进行裁切,切成大小不一的花瓣状,再进行湿润塑形,使其塑造成半弧状。再把这些半弧状花瓣用油性染料染色,晾干后在画面中进行穿插拼组,拼组的顺序为由前至后进行植入。如图2-226、图2-227所示的局部,运用镶嵌、叠压、拼组等手法制作的画面更加丰富,视觉效果更加强烈。

图2-226 《升腾的爱》局部2

图2-227 《升腾的爱》局部3

同时，这种"重复就是力量"的画面组成方式中所需要的单元形，外形简洁、体积较小，大大节省了皮革的消耗，避免皮革塑形中出现密集褶皱的问题。但这并不是粗制滥造，而是要求创作者对艺术形式美感的组合、对画面的视觉把控能力、对基本语言掌握能力更加严格和苛刻，这样才能做出打动人心的作品。作品《升腾的爱》在创作内容的精细复杂程度上已达到了皮革壁画艺术的一个极致。

五、项目案例完整分析

以杨婷婷同学的《纹肌起舞》作品为例，这是一个首饰与皮革跨界的作品。

（1）概念解读

该作品从老人的肌肤纹理出发，而形态是年轻人跳舞的姿势，表达的是老年人拥有一颗年轻的心，有朝气、有活力。这一系列首饰的佩戴者是年轻人，年轻人光滑的肌肤在与老人肌理的对比之下产生一种强烈的反差，也让佩戴者能感到，应该像老年人一样活出精彩。概念解读如图2-228所示。

（2）思维发散

从奶奶（她是一个任劳任怨，一生都爱我的人）为代表的中心点出发作思维发散，作者想到了几个跟她有关系的关键词。最后选择了皱纹老年斑和勤劳、刻苦这两个关键词为设计要素，如图2-229所示。

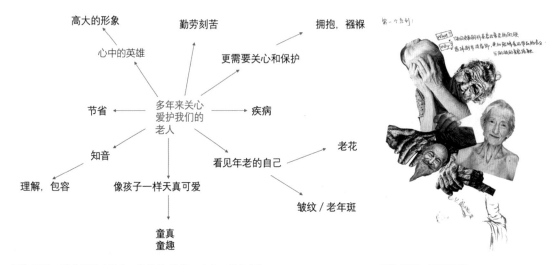

图2-228 概念解读（作者：杨婷婷/指导：王淼、祁子芮）　　　　　　　图2-229 思维发散

（3）主题调研

① 表达主题最重要的一部分是老人的肌理，最初的调研是按照人体每一个佩戴部位来设计它的皱纹肌理，因此作者对手臂、手指、手腕等部位进行了皱纹的绘画，并且看了一些老人的照片，对它们的皱纹肌肤进行了解剖，从这里作者就明确植鞣革塑形是一个用来表达皱纹的很好形式，要还原一定的真实性（图2-230）。

② 初步了解老人皱纹的大致走向还有纹理的规律之后，接下来就会思考有什么材料能跟皱纹有联系并

且能够表达高尚的品质和勤劳、刻苦的精神，体现的是一个积极向上的状态。作者首先想到是老树，找到了新疆和内蒙古沙漠上千年屹立不倒的树木。它们经历了不知多少风沙，长成了一道风景，它们每一个姿态都有一个故事。它们的身姿铿锵有力。于是作者对它们的纹理跟形态又有了一定的了解。

③ 但是由于老树的纹理跟皮肤皱纹太相像，再发展下去就会导致偏题，因此需要进一步调研，并通过拼贴梳理整理灵感和思维（图2-231至图2-233）。

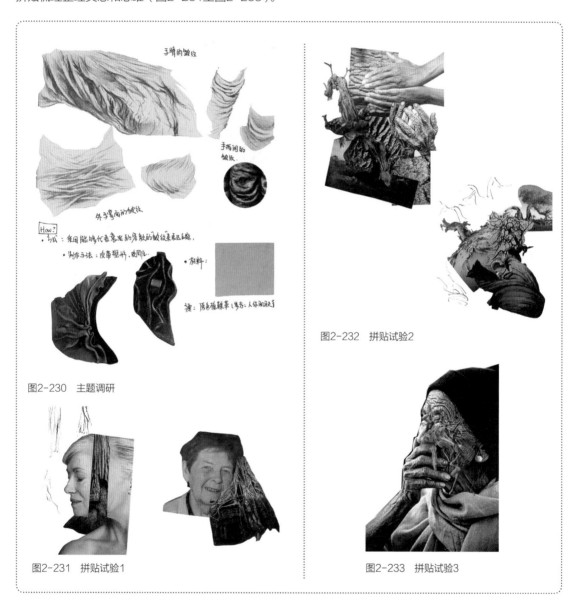

图2-230　主题调研

图2-232　拼贴试验2

图2-231　拼贴试验1

图2-233　拼贴试验3

④ 舞者，她们外表很光鲜、很优美，但是背后却是下了很大功夫，要经过长时间的训练才能拥有美好的姿态，她们坚强、阳光，并且美丽，许多年迈的老人便拥有这样的品质。作者对舞者的舞姿进行了提取，把她们跟皱纹肌联系在一起，并且想要体现的是这种女性舒展四肢的美感。

找到一些女性优美舞姿的照片，先对这些形态有一个大致的形态提取（图2-234）。

用线条的方式根据皱纹的感觉把这些舞蹈的形态提炼出来，要从线条看出来是跳舞的姿势，所以都是一些大的轮廓线，它们有长有短（图2-235）。

很明显上面的提取还是过于生硬，所以要对它进行修改，让它皱纹的感觉更加强烈一些（图2-236）。

（4）草图绘制（图2-237）

图2-234　舞者形象提取与皱纹的结合1

图2-235　舞者形象提取与皱纹的结合2

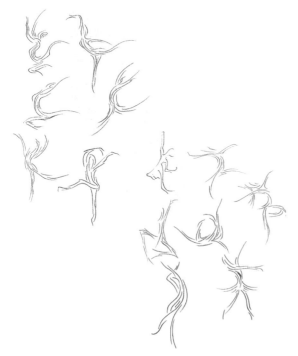

图2-236　形象转化

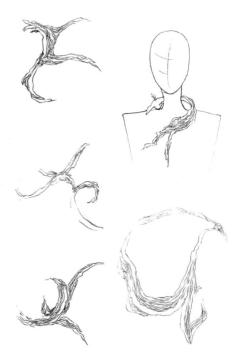

图2-237　草图绘制

（5）工艺试验

用不同的方式把老人皱纹做出来的效果（图2-238）。

（6）制作成品

① 选用一张干净无痕的植鞣革，裁出所需要的大小，用通片机把皮革片薄（需要的纹理越细，革要片得越薄，越容易捏出效果来）。

② 把皮革打湿（用喷壶或者海绵浸水）。

③ 用镊子把皮革夹出大致的形，然后放在一边晾干，也可以把热烘机放在远处烘干（千万不能离得近，不然皮革容易变色，还容易烤焦）。等到皮革半干半湿的时候再拿镊子调整纹理。

这时捏出来的形就会固定住，因为在塑形的过程中皮革会慢慢干透，根据原来镊子定好的位置把所有的皱纹纹路都捏好。

④ 在皮革肉面突起来的皱纹缝隙部分微调纹理的形状，让纹理出现宽窄不一致的样子，翻到正面再查看效果，反复调整到纹理显出做旧的效果。

⑤ 在正面再调整皱纹隆起的部分，让中间位置的纹理凸起感强一些，如图2-239所示。

⑥ 用小刻刀在皱纹的缝隙中还有边缘上刻画出一些细小的纹痕。

⑦ 沿着整体的皱纹形状把皮革剪下来，边缘处留一些，不全部剪掉，如图2-240所示。

⑧ 把制作好纹理的皮革用胶水贴在一张揉皱过的皮革上面，这张皮革用来当背面。

⑨ 贴好以后沿着上面的皮革把背面的皮整齐地裁下来，如图2-241所示。

⑩ 把背面皮革打湿，根据脖子、手臂、手指的形态，最后捏出皮革环绕肢体并且舞动的姿态。

⑪ 等皮革干了以后进行封边处理：先用砂纸打磨好边缘，再上一层封边液，用打磨棒反复打磨光滑，最终作品如图2-242所示。

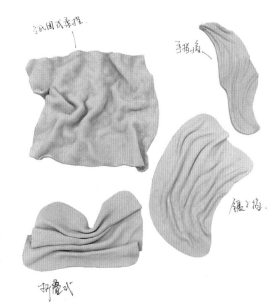

图2-238　植鞣革褶皱试验

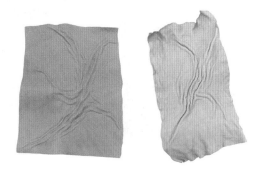

图2-239　制作环节1

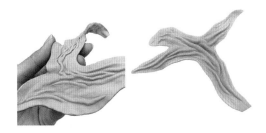

图2-240　制作环节2

图2-241　制作环节3

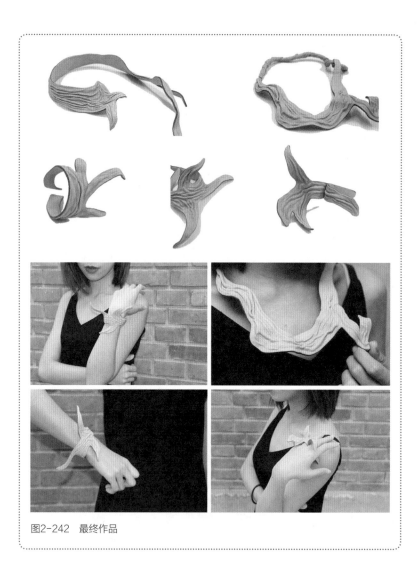

图2-242　最终作品

第三章

皮革艺术设计赏析

第一节　经典的皮革艺术风格

天然皮革虽不及人造材质标准整齐，但是却有独特的加工性能和艺术韵味。不仅每一张皮革都各具特点，而且后期的加工整饰也为其增添了魅力。静心用视觉和触觉感受皮革，便可发现其中蕴含着细腻丰富的美感、意味。

经典的皮革艺术风格是皮革艺术作品中难以忽视且影响深远的皮革艺术门类，且根据地区文化的不同、延承技法的差别，历代的匠人、艺术家们在继承传统技艺的同时也发展出了各不相同且独具特色的皮革艺术风格及表现形式。通过对于不同艺术风格、表现形式的图片分析，我们可以将经典的皮革艺术风格分类归纳为写实风格的立体表现形式、平面装饰风格的表现形式和传统风格的实用产品形式三类。

一、写实风格的立体表现形式

关于皮革的处理工艺，不论东方可上溯至商周时期的"金、玉、皮、工、石"五官还是西方约公元前1400年的埃及皮浮雕，都可以证明世界各文明对于皮革材料的处理、使用技艺之源远流长，而在诸如皮囊壶、衣饰浮雕等用于装饰的技艺趋于成熟之后，流传发展了上千年的皮革处理技法也与逐渐模糊的艺术边界展开了碰撞。从20世纪开始，可视性艺术的边界也逐渐由架上绘画转至多元性，皮革作为各地区传统工艺美术必不可少的材料也逐渐走入了艺术家们的视野，最早一批运用皮革材料进行创作的艺术家们将传统的皮塑、捏形、雕刻等技法与自身情感观念融合，产生了皮革艺术写实风格的立体表现形式，创作出了不同于实用性器具或装饰性纹饰的皮革艺术作品。

皮革艺术写实风格的立体表现形式是将传统皮革处理技法与人文情感相结合的表现形式，该风格特点以高精度的写实手法为基础，根据地域的不同、创作者文化背景的差异，在题材选择、物相塑造上也有所差别及分野。主要以写实带写意的手法表现一定的人文主义色彩和艺术情感创作，造型风趣、精致且具备相当的具象化色彩，在此基础上，辅以一定的宗教性、民族性或个人化的生活感悟表达，将技法与情感合二为一，以此成为艺术作品而非简单的皮革工艺品。

在技法上多以立体皮塑、捏形、雕刻、弯折、染色为主，对于皮革材质的塑形性有着较明显的体现。将皮革技艺从最传统的"材料处理""雕刻装饰"过渡到立体性的艺术表现形式。

我们可以从代表人物、题材、风格、技法特点及其作品进行分析与赏析。

1. 代表人物：段安国（中国台湾）

题材：写实人物。

风格：以极其精细的写实手法，描绘市井大众、各个行业的生活状态，整体造型生动、风趣，立体制作极度细致。

　　写实人物的题材风格主要以艺术家身周的人、事、物为主要描绘对象，在对于生活极尽细致的观察之后，用严谨的立体塑形技法将其表现。作品以表达艺术家对于生活的感受、感悟为主，以自下而上的观察方式反映社会的现实现状，也因此具备其独特的审美趣味（图3-1）。

　　技法特点：立体塑形、雕刻、弯折、染色。

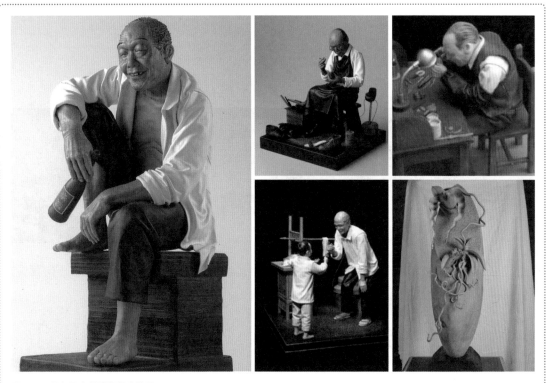

图3-1　段安国皮革雕塑艺术作品

2. 代表人物：詹缪淼（中国台湾）

　　题材：写意人物。

　　风格：融合中国的禅意与写意人物的感觉于作品之中，运用脸部刻画传神，身躯简化的方式，营造出意境的深远。

　　写意人物题材是我国传统美术中不可缺少的一个部分，而在皮革艺术写实风格的立体表现形式中，写意人物题材则是在题材上延承了传统的创作观念并结合皮革材料的特点，赋予人物立体造型，以面部和衣饰的对比营造出独特的意境。与此同时，如詹缪淼等艺术家还将东方传统的宗教思想运用到创作当中，以宗教人物独特的服饰风格与造型面貌为作品注入更深刻的思想观点（图3-2）。

图3-2　詹缪淼写意人物皮塑作品

技法特点：立体塑形、雕刻、弯折、染色

3. 代表人物：叶发原（中国台湾）

题材：写实的自然。

风格：以乡村生活的体验，以昆虫、鱼螃、植物为题材，呈现乡土情怀，传达生命之美，作品温馨、细致、浑然天成（图3-3）。

写实自然题材的创作来源于艺术家对于周身生活环境的审美发现，也是传承于中国传统的花鸟画创作方式，继承了花鸟画以写生为基础和以寓兴、写意为归依的传统。

技法特点：立体塑形、雕刻、弯折、染色。

图3-3　叶发原皮塑作品（中国台湾）

4. 代表人物：DERU 公司（德国）

题材：写实动物。

风格：结合动物憨厚可爱的性格及动物的形象特征，作品造型具象简化，色彩古朴线条生动，巧妙地运用皮革塑形的特性，从容地挥洒在创作中（图3-4）。

技法特点：立体皮塑、雕刻、捏形、染色。

5. 代表人物：Haitian （海地）的艺术爱好者

题材：半写实人物。

风格：衣服褶皱的处理自然、生动，使皮革材质的塑形性得到了极其完美的体现（图3-5）。

技法特点：立体塑形、雕刻、弯折、染色、胶合。

二、平面装饰风格的表现形式

在经典的皮革艺术风格中，平面装饰风格是来源于最早皮革雕饰的装饰性作用的风格，是一种以装饰效

图3-4 DERU公司/皮塑作品

图3-5 Haitian皮艺面具作品

果为主，具有图案化、平面化、重形式感等特点的皮革艺术风格。与其特点相对应的，该风格作品多以装饰画为主。表现形式也可以分为以彩绘染色为主偏油画写实的装饰画和以塑造动物为主的浅浮雕式装饰画。

因该风格的装饰性意味较为突出，其作品中所蕴含的观念意味以及文化意味较少，而多种皮革平面造型的技法运用也使得该风格对于客观物象的写实能力更为突出。

1. 代表人物：李荣宗（中国台湾）

题材：写实装饰物、皮具、唐草花纹。

风格：刀线细腻，色彩丰富，技法娴熟，将传统皮具的版型与皮雕工艺相结合（图3-6），善于对皮雕技法的深入研究与教学，并创建"酷猫"皮雕工作室。

技法特点：雕刻、弯曲、晕染。

图3-6　李荣宗作品

2. 代表人物：Belfeuil（法国）

题材：神秘、魔幻、异域风情。

风格：利用植鞣革极佳的可雕刻性和可染色性，将皮革进行二次创新，形成设计师自己独特的风格，复古感花纹的应用增添了作品魔幻的效果（图3-7），大量作品应用于电影特效或游戏等的作品中。

技法特点：雕饰、染色、镶嵌。

3. 代表人物：藤田一贵（日本）

题材：写实人物。

风格：人物与动物浮雕的技艺精湛，将传统的皮艺技法大胆地应用在浮雕画上，并灵活生动的将物象以写实的方式展现出来，擅长写实皮雕和谢里丹风格的皮雕（图3-8）。

技法特点：浮雕、染色、雕饰。

4. 代表人物：Clay Banyai（美国）

题材：自然界动物为主。

图3-7　Belfeuil 的魔幻风格皮艺作品

图3-8　藤田一贵皮艺作品

风格：以自然界动物为主的浮雕雕刻，创作手法自然真实，皮革表面肌理丰富（图3-9）。

技法特点：浮雕、压塑、雕饰、染色。

5. 代表人物：Petter Main（美国）

题材：写实动物、植物。

风格：作品选取澳大利亚特有的动物及植物，以木雕技术做垫底，在上面覆盖上植鞣革，再做细致的雕刻，表现色彩丰厚、层次光线细腻，具有半立体的效果（图3-10）。

技法特点：浮雕、压塑、染色。

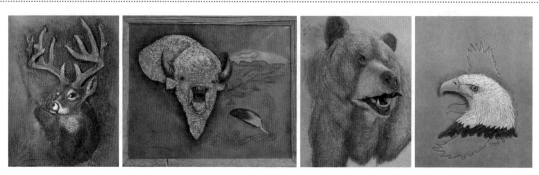

图3-9　Clay Banyai 的皮雕艺术

图3-10　Petter Main 皮革艺术作品

三、传统风格的实用产品形式

传统风格的实用产品形式以实用为基础功能，以产品形态为依据，以装饰美化为主要手段，实用和装饰性兼具，甚至有时装饰性要大于实用性，是一种典型的工艺美术品的风格形式。实用产品形式多用于箱包皮具以及容器塑造中，以传统皮艺技法对实用产品进行装饰，根据所在区域文化受众以及具体装饰物品的不同，技法的选用在繁复精致的雕花与古朴深远的缝合染色中呈现两极化的样貌，是皮革作品装饰性与实用性结合的典范。

1. 代表人物：大塚孝幸（日本）

题材：传统雕花皮具。

风格：研习传统的谢里丹雕花工艺，所雕花纹精致、干练、具有极强的皮雕技术功底（图3-11）。

技法特点：皮雕、缝制、染色、打印。

图3-11 大塚孝幸皮艺作品

2. 代表人物：Bob Park（美国）

题材：传统雕花皮具。

风格：尊重西方传统花卉的雕刻，擅长繁复的雕花制作，所制作出的皮具完美无瑕（图3-12）。

技法特点：皮雕、缝制、染色、打印。

图3-12 Bob Park 皮艺作品

3. 代表人物：Xian Leather（美国）

题材：雕花皮具。

风格：外表造型简洁但内在纹饰花纹丰富，讲究皮革与物体结合的质感，在雕花风格上并不拘泥于传统的唐草花纹，多样的雕刻花纹增加了皮具的生动性，在制作的过程中，精致的手缝技法随作品结构进行组合（图3-13）。

技法特点：堆叠、组合、切割、雕刻、染色。

图3-13　Xian Leather 作品

4. 代表人物：VANCA CAFT（日本）

题材：手工制作小皮件。

风格：1890年由Kinnosuke Tanaka在日本东京成立VANCA公司，他们是第一个制作人造花卉的公司，作品曾经谨献给日本天皇。随着时代的变迁，第三代传人Shigeo Tanaka开始研究手工制作皮革产品。在过去的30年中，Shigeo设计并制作了超过1000种不同的产品，包括文具、钥匙链和办公用品。充分运用皮革的材质美而制作出不同的变化，将生活中的物品进行抽象，可爱的外表下是其认真精致的手工艺态度，整体设计风格造型单纯具有很强的形式美感（图3-14）。

技法特点：切割、雕饰、浸染、组合、烙烧。

5. 代表人物：Jim Linnell（eastern Montana/Elktracks Studio，日本）

题材：传统皮雕。

风格：沿袭传统皮雕技艺的Elktracks工作室，传统皮雕花纹与动物皮雕形式完美结合，并展现出精湛

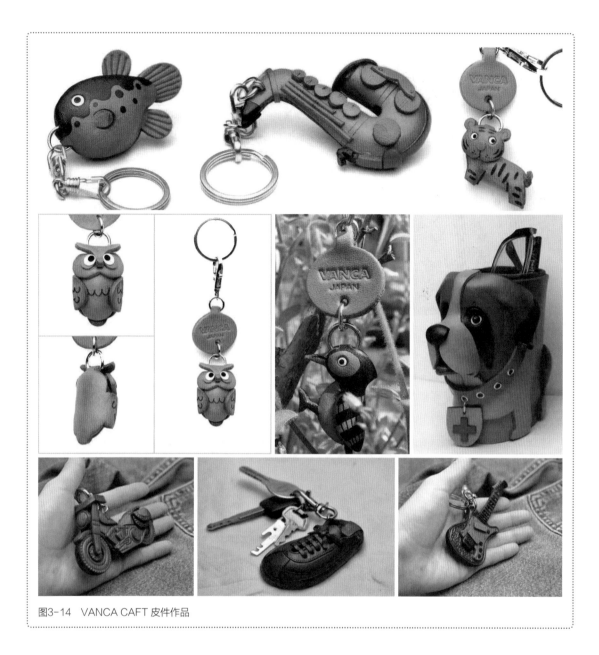

图3-14 VANCA CAFT 皮件作品

近乎完美的技艺，所雕刻作品生动鲜活，触动人心（图3-15）。

技法特点：手缝、雕刻、染色、塑形。

四、小结

现今大部分皮艺创作者创作形式可小结如下：

① 创作技法上：多以塑形和染色为主，原材料均使用植鞣革。植鞣革既有本色也可染色、湿润后可以塑形弯折、干后定型的特性，故植鞣革一直是国内外皮革艺术家创作首选之材料。

图3-15　Elktracks Studio 作品

② 作品风格上：皮革作品的艺术化发展趋势越来越明显，早期以装饰和写实为主的皮艺风格已不能满足大众的审美需求，一种更加趣味化、个性化甚至另类化的皮革艺术品开始占据主要市场，起主导作用。

③ 在题材种类上：我国的皮艺发展还是以写实人物或者实用器物为主，欧美等国家的皮艺作品的形式、主题、表现更加丰富和多样化。

从这些不论是艺术味道更浓的皮艺作品，还是技术含量更高的皮艺作品，可以发现，技术与艺术正以一种无法剥离开的方式紧密联系地发展着。它们之间的关系就如同水流可以影响大地的地势，大地的地势同样可以影响水流的方向，两者相生相息，无法单一出现。技术是肌肉熟练的劳动，而艺术是包含心意创造的活动。单有技术，即使所做之物再灵巧生动，没有心之活动的艺术思维，它也是一盘没有生气的死棋；单有心之活动的艺术思维，没有技术，所产生出的作品也将无法走入人们的眼目之中。

第二节　皮艺作品艺术风格赏析

一、有艺术性的皮革装饰品

从生活中寻找灵感来源，并且抽象、简化出新的形态，再还原到原始的状态中。所做作品是更加多角度挖掘皮革的造型性能和艺术表现力，将皮革视为一种有机元素，展现较强的个性，以一种纯艺术性的方式表现出来，极具现代感。

1. 代表人物：Bob Basset（乌克兰）

题材：各种蒸汽朋克的人。

风格：造型抽象化，线条干净利落，将朋克的感觉，淋漓尽致地表达出来，作品带有浓郁的重金属色彩。

作品从强烈的视觉形式出发，寻找到需要夸张、装饰、提取的内容，引出创意思路与线索，从而进行作品的形象包装与主题强化。通过强烈的形象语言与视觉效应达到作品所需的效果，如Bob Basset的蒸汽朋克面具作品，从蒸汽朋克的视觉感觉入手，发现到需要表现出重金属、恐怖、暴躁的情感，以此为线索进行设计和夸张，强化蒸汽朋克的主题。如图3-16所示，整个系列的作品以恐怖的外形、巨大笨重的蒸汽机械管道、冷酷光亮的金属、充满压抑感的防毒面具和浓烟感的皮革制作出了一系列具有恐怖、夸张、疯狂色彩的蒸汽朋克面具作品，淋漓尽致地表达出了蒸汽朋克文化的风格与精神。

技法特点：立体塑形、压模、染色、定型。

图3-16　Bob Basset 蒸汽朋克面具系列

2. 代表人物：River Gypsy（美国）

题材：面具。

风格：从材料和工艺中获得创意，皮革可层层叠叠的拼折、交错、黏合的特性，融入结构与空间的秩序、立体主义以及造型学上的美感，营造出具有节奏和秩序感的皮革面具。同样是运用植鞣革的可塑性，把树枝蜿蜒生长的交叉感应用到皮革的面具上，与之交融产生出新的形态。图3-17中的作品，则是复活了神话中的鹿神，整个面具给人以神圣的感觉。第二张图则是森林中的精灵王，在制作工艺上，先把单独的植鞣革裁切成一片一片的叶子状，再进行湿润，根据叶脉的形状用手由中心进行挤压，如此反复，塑造出好像珊瑚造型的叶片，每一个叶片都如此进行制作，再把所有的叶片进行染色，最后和面具的雏形模具黏合在一起，形成怪异的效果。River Gypsy所制作的面具将古典美与现代艺术有机的结合在一起，不断地尝试着皮革材质带来的独特魅力。用皮塑拼接的方式制作出阿兹台克人女神的面具，颜色艳丽。

技法特点：立体塑形、染色、拼贴。

图3-17　皮塑面具（River Gypsy）

3. 代表人物：Lance Marshall Boen（美国）

题材：装饰浮雕。

风格：将皮革视为一种有机元素，并以鱼为心中的灵感来源，利用皮革做鱼类雕塑，在皮革表面上雕刻加工并加上超现实主义的绘画。表面雕刻的场景往往显示鱼类水下的生活和鱼类的栖息地。作品表现力丰富，Lance Marshall Boen的作品往往是比真实的鱼要大好多，有的能达到3m长，极具视觉冲击力（图3-18）。

技法特点：立体塑形、压模、雕刻、染色、胶合。

4. 代表人物：Barbara Doherty（美国）

题材：抽象风格首饰。

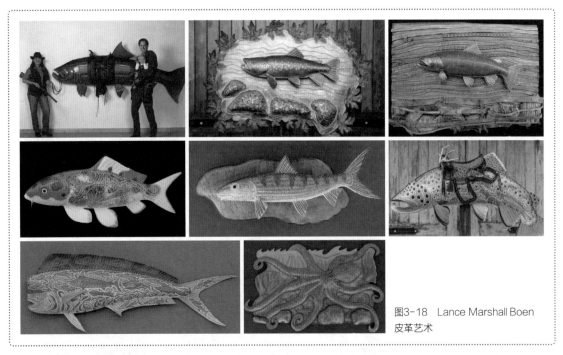

图3-18　Lance Marshall Boen
皮革艺术

图3-19　Barbara Doherty 皮革首饰作品

风格：以蝙蝠为灵感来源进行塑形，把皮塑的技巧与作品完美融合，使作品生动鲜活（图3-19）。

技法特点：塑形、胶合、染色。

二、　皮革在纯艺术领域的运用

把皮革放入到纯艺术的领域，用皮革材质制作的作品将被赋予一种新的生命，使皮革材质有了更加自由、灵活的创作空间。在壁画、雕塑、装置艺术等现代艺术方面，很多艺术家开始把眼光投入到了皮革手工这个传统而又陌生的领域。2013年在香港举行的国际"巴塞尔艺术展"中就有一组用皮革制作的装置艺术作品。如图3-20所示，这组作品是由大大小小不同的包组建出的城堡，配以铁链、铆钉等装饰物，打造出震撼的装置艺术效果。

蚀刻皮革艺术家Mark Evans（马克·埃文斯）创作了著名的面孔画像（图3-21）。他所用的材料和工具只有最原始的皮革与刀。在技术上，用刀片在皮革表面不断腐刻、削减、蚀刻，让皮革露出绒面，慢慢在皮革表面形成图像。

在美国塔尔萨地区，有一个Tulsa皮革店，里面的皮革艺术都是大自然的写照（图3-22）。在制作技艺上，以皮革烙印为主，利用铁笔在不同温度下烧焦皮革的深浅变化，对大自然进行写实性的描摹，画面配以真实树木的

图3-20　巴塞尔艺术展皮革装饰艺术作品

图3-21　Mark Evans 的蚀刻作品

图3-22　Tulsa 皮革店的作品

边框，营造出原始的感觉，表现出艺术家对家乡和草原的热爱。

2014年9月27日，家居设计师朱小杰与哥本哈根皮草设计师一起设计的主题为"栖息"的跨界皮革艺术品在今日美术馆开展（图3-23）。在接受访谈的时候，朱小杰说："'栖'者，有'木'有'妻'才为'栖'；'息'也，有'自'有'心'才为'息'；木与妻组成了家，家中自息，息中有自心。"于是，在这种理念的趋势下出现了这件跨界合作产生的作品，通过设计去追寻一种平衡、温馨、自然、亲近人心的作品。

图3-23　朱小杰与丹麦艺术家索伦·巴赫创作的皮草帽子

通过上述的案例我们可以看出，在当代艺术的发展空间中，皮革作为一种表现材质，它可以反映出不同创作者对人生的态度、对自然的向往和对传统文明的追忆，成为一种对现代文明的反思、对精神需求的探索的媒介，具有极强的象征意义。创作者开始专注于创作的理念、艺术造型和寓意的充分表达，而使用者和观赏者开始专注于拥有这些作品时展现出的他们自身的品位、个性以及审美层次。皮艺的发展与时代发展、社会文化、科学技术、文化思潮、流行趋势都紧密相连，创作的手法也是更加综合，传统单一的植鞣革创作已无法满足大众的需求，一种表现形式更为艺术化、创作材质更为丰富的作品理念，以及更有意味的、跨界合作的皮艺将成为发展的趋势。并且，3D打印技术的应用、皮革复合面料的不断研发等，都预示着皮艺发展将开始新的篇章。

皮克工作室的作品《春梦》（图3-24）则是对传统的壁画形式做了突破，更加注意画面形式感，这个形式感包括材质的选择、构图的形式、人物造型的形式、画面中图案的形式等。根据这个理念，在人物造型上，抽象化的五官、拉长的脖子、纤细的腰身、腾云般的头发都是在探寻一种新颖的画面形式，皮革材质在这幅画面中以一种扁平化的面貌出现，画面的分割、人物的变形、图案的样式等方面都在寻求一种变化，一种点、线、面形式美感的切合点。

图3-24　《春梦》（尺寸：192cm×142cm；作者：林强、王淼　中国）

第三节　皮革的多领域拓展探索

现代手工艺，是相对于传统手工艺而言的形态与概念。"现代"即是一种时间概念：我们的过去是"古人"的现代，我们的"现代"也是随着现代社会经济、生产条件、环境氛围、生活方式、时尚文化等条件下在现代化进程中的理念变化。因此，现代手工艺是传统手工艺的现代形态。在改革开放后，随着文化艺术交流、艺术设计、手工艺交流的增加，公共空间与生活空间的丰富变化，设计审美与观念的演化更新，新材料、新工艺的大量出现，作为"现代手工艺"中的一个分枝——皮革艺术，受现代设计思潮影响，已与传统的皮艺大相径庭，开始了跨领域的发展与合作。

皮革艺术在多领域探索层面仍难以摆脱其最早作为实用性材料的身份，但在当下设计与艺术难以明确分隔的大氛围之中，在皮革传统运用之上的创新，以及拥有不同观念、文化且擅用不同技法的艺术家与设计师参与到对皮革材料在诸如首饰、服装、家居、艺术衍生品等不同领域应用探索的前提下，皮革艺术在多领域的发展也成为现今需要人们注意的方面。

一、皮革在现代首饰中的运用

在现代社会文化发展下，年轻人对首饰的选择已不再是单纯地追求金属材料的昂贵，首饰的功能也不仅局限于装饰功能，传递情感、表现个性、艺术造型、独一无二等都成为了青年人的新的诉求。而首饰的材质也更为丰富多样，陶瓷、塑料、木材、布料、玻璃，甚至纸张都可以成为首饰的材料。皮革材料加工便利，其特殊的质感、强烈的审美特质，加上相比较金、银等贵重金属的价格优势，无疑成为现代首饰新型材料的理想之选（图3-25）。

具备一定艺术性的皮革装饰品也在分类上与皮革在现代首饰中的应用有着其相互重合、相互参照的范畴，虽然具备艺术意味的皮革装饰品是以作品内蕴意味作为第一考量，但在此基础上拥有更强实用性的艺术作品也可归纳于现代首饰的范畴中，此种作品因其设计的独特性和所蕴含的观念感受，也成为现下皮革首饰中不可缺少的一部分。

图3-25　现代皮革首饰

现代的首饰设计是在现代设计理念的支配下展开的，每一个首饰都有着它多元的设计资源、构思思路及灵感来源。而富有创造性的设计思维对于一件首饰作品的出现起到了至关重要的作用，它可以把皮革材质的特性进行别样的应用，从而来完成一件件别出心裁的首饰作品。

1. 伦敦设计师 Madeleine Moxham 的另类首饰

如图3-26所示，Moxham 的这个皮革与金属相结合的首饰系列具有强烈的工业感和摇滚范。首饰采用了重复的简洁几何图案，其灵感来源于埃及神话的人物形象。在制作中把金属与皮革有机地结合在一起，通过方与圆、柔软与坚硬的对比手法，带来碰撞的感觉，给人以强烈的视觉冲击。在造型上，采用规整、对称的外形，像是古埃及的颈圈配饰，散发着神秘的色彩。

图3-26　Madeleine Moxham的首饰

Moxham的另类首饰中用其符号化的创意将形象融入到"意义"的世界中去，在有共识性的图形中唤起共鸣或情感的激发，进而派生出广泛的表现意义。如图3-27所示，Moxham的作品在埃及神话形象的衣领处重复的几何图形和图案中找到了灵感，并将其运用到了设计作品中，使首饰散发着异国风情。

2. 比利时设计师 Niels Peeraer 的首饰设计

如图3-28所示，Peeraer的灵感来源于古典戏剧，设计师曾坦然说到过他从没有做衣服给那些拥有六块腹肌的男生穿着的意愿，只着迷于纤细的亚洲萌男和亚洲动漫文化。我们可以从他的作品中看到的是一种在极简中加入华丽、矛盾的设计美学，这便是我们眼前这些带着梦幻与宗教色彩的裸色系皮革制品。

图3-27　埃及神话形象

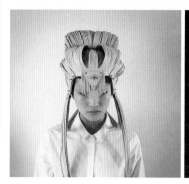

图3-28　Niels Peeraer 的首饰设计

3. 美国设计师 Christina Anton 的鬼马皮革首饰

　　Christina的系列首饰（图3-29）给人一种来自异域的浓烈感觉，在她的手中，一张皮革更像是一块打翻了涂料瓶的画布，热爱流苏，热爱波点，浓烈的颜色碰撞和不同的形状拼接，她的设计是一场没什么不可能的全新实验。获得建筑学学位的Christina，毕业之后顺理成章地成为了一名建筑设计师，除去日常

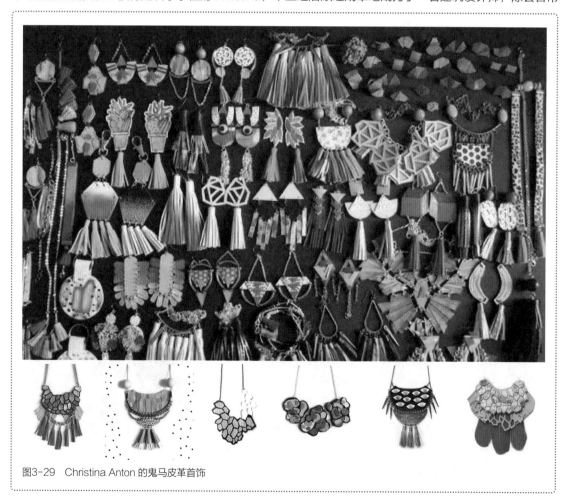

图3-29　Christina Anton 的鬼马皮革首饰

工作——在电脑上设计图纸，同时她也爱好做些小物件。2009年的金融危机，让建筑行业举步维艰。在这一危机之下，Christina开始为自己寻找新出路，30美元是她的启动资金，在旧货店淘到的皮裙和一些生活中的日常材料，正是这一刻，前所未有地激发了她认真规划人生和事业的斗志。之后，Christina辗转到南加州建筑研究所学习，此时的手工店铺不仅能为她支付生活费、租金等，还成为她建筑设计理念中重要的一部分。虽然Christina很喜欢尝试学校里的尖端制造技术，比如激光切割、3D打印等，但传统的手工艺却更能贴近她的灵魂，她全身心地投入到工作室中。在芝加哥的工作室里的每一件装饰，都是Christina亲自切割，亲自绘画，亲手缝纫。Christina的设计，是一种色彩的启发，收集不同纹理不同色泽的皮革材料，将各种颜色碰撞在一起，没有预想的安排，只有自然的契合，就像是一场冒险，每一次制作都让人期待。

4. 皮革首饰的制作技法

皮革是一种牢固且韧性极佳的材料，创作者在新材料的运用和处理过程中，以最直接、最清晰、最完美地方式对其加以艺术处理，使材料的肌理效果在首饰上得以完美的展现。如图3-30、图3-31所示，巧妙地将植鞣革经过湿润塑形后出现的褶皱与首饰的形态相结合，使得皮革材质的特性在首饰上得以完美发挥，制作出令人叹服的皮革艺术首饰。除了塑形工艺外，在皮革首饰创作中常见的皮革加工工艺还有如下几种：

图3-30 眼睛戒指　　　　图3-31 立方体首饰

① 成形技术：如图3-32所示，将经过加湿处理的皮革覆盖在结构框架上，再压上一片热塑性塑料，使用真空机、水压机或手工制作，制成三维结构的皮革造型。如图3-33所示，杜巴里夫人项链即是把皮革放在木质结构的模具中手工成形。

② 压纹技术：如图3-34所示，在皮革上使用穿孔、蚀刻或金属模板压纹来获得较浅的浮雕。

图3-32 成形技术

③ 镶嵌金箔、金粉技术：如图3-35所示，用一种特殊的胶水可以使金箔、金粉运用到皮革表面，在工艺中使用加热的铁质工具即可使其形成奇妙的浮雕效果。如图3-36所示，芬兰盔甲的皮革袖口在最终成形前使用镂空的模板做出浮雕的效果，内层则使用了金箔镶嵌。

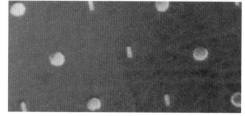 

图3-33（左）杜巴里夫人项链

图3-34（右）压纹技术

图3-35（左）镶嵌金箔、金粉
技术

图3-36（右）芬兰盔甲袖口

二、皮革在当代服装中的运用

现代皮革服装已经突破了防寒保暖的传统概念，设计师们冲破定式，试图通过同时兼顾使用功能和美学功能来传达服装的功能目的和文化含义，寻求功能和形式之间的交叉融合，协调好人、服装和环境的关系，满足人们在物质和精神方面的全面需求。

1. 土耳其的服装品牌

设计师哈提杰·勾克晨（Hatice Gokce）认为："皮革与皮肤接触，是相聚、团圆、拥抱；是一种爱，既亲密古老，又无处不在，将永远存在。"，她设计的皮革服装安纳托利亚系列（图3-37），灵感来自统治这片土地的文明，融合了历史的力量和今天的创新，并拥有延续未来的渴望，是着重诠释皮革及其纹理的设计。

图3-37 安纳托利亚系列

在哈提杰·勾克晨的皮革设计上通过符号去折射历史文明、经典文化，强化现代形式层面上的历史投影，可将传统样式作现代样式诠释。它可以是以现代的构成样式、材料以及工艺去"复制"古典样式的某些片断，也可以是一些传统与民间的图案，如图3-38所示的大衣上面印有乌拉尔图人想象的带翅膀的人体雕像，赫梯人的象形文字，特洛伊人战争的场面，亚述人的残酷，吕底亚、弗里吉亚、爱奥尼亚以及阿尔扎瓦人的标志、符号和器物，这些符号化的语言隐现在服装中，增加了服装的趣味与感染力，使人们在似曾相识的效果中发现新的视觉感受。

图3-38 哈提杰·勾克晨的皮革服装设计

2. UNA BURKE（尤娜·伯克）的设计

UNA BURKE（尤娜·伯克）是一个专做豪华皮革配饰及手袋的设计师和艺术家。她擅长皮革手工制作，使用传统制革技术创造出抽象的女性身体的雕塑作品。2011年在她设计的机体辅助系列作品中（图3-39），作品以未染色的植鞣革为材质，加以铜质的连接件，试图为人体建立起一种保护的手段，用一种意象的表现方式构建了一种像盔甲似的服装，形成一种情感上慰藉。UNA BURKE 曾说："通过我的工作，我致力于不断地创造一个既在视觉上迷人又在技术上具有挑战性的皮革对象。它们是说不清的特殊服装，避免被放置到时装界的常规类别。作为一个可穿戴的整体，它们组合后的形态可以自由地存在，同时每个组成部分又是由一个个单独的个体组成。"UNA BURKE的艺术作品在英国、爱尔兰、德国和奥地利都有展出，并且也被用于广告、摄影中。严格而言，NA BURKE是配饰设计师，她不喜欢自己的作品被分类为时装的传统类别之内。她运用传统制皮技巧创作造型服饰，每件创作都是耐穿的艺术品，可供颈部、肩膀、小腿及

图3-39 UNA BURKE 的作品

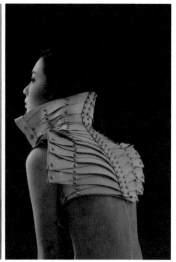

图3-40　UNA BURKE 的配饰作品

手臂等部分独立穿着（图3-40）。

皮革应用到服装上还可以通过如下方法进行装饰和搭配：

① 镶嵌环扣、链、金属片、串珠或者镶嵌针织刺绣等材料对皮革表面进行装饰。可把皮革制作成流苏、镂空、绳结、装饰线等装饰物置于服装表面，或使用压花、烙烫等方式在皮革的表面制作出凹凸不平的肌理，以达到装饰的效果。

② 将相同材质进行搭配：在皮革材料中，绒面皮革与光面皮革的搭配、印花皮革与光面皮革的搭配、不同颜色深浅的皮革搭配、不同肌理的搭配等，利用肌理的差异、颜色的差异、造型的差异制作出新奇的富有变化的皮革服装外观。

③ 将不同材质进行搭配：皮革与纺织品、皮革与毛呢、皮革与针织面料、皮革与金属等多种材质进行搭配，与不同的材质搭配在一起表现出的风貌或粗犷、或休闲、或稳重、或个性。

三、皮革在家居中的运用

皮革家具是一种重要的家具类别，具有美观、舒适和耐用等独特的设计格调与艺术特点。在家具中，皮革材料通常与木材和金属材料一起构成家具的基材。而在软体家具上皮革材料不只是起到基材的作用，也是重要的包裹材料，与人体紧密接触，直接影响人们对皮革家具的使用感受和心理体验。目前，市场上的皮革家具主要有沙发、办公椅、床等产品。如今社会的多元化，使看起来简单的事物也变得多元了，它们本身的概念在不同的思维背景下也变得更加模糊复杂。从抽象的"皮"到限定下的"皮"，再到物化的"皮革制品"，设计者通过作品表述着多元的关系。皮革所承载的寓意也在不同的人、时、地、事下的相互关系中不断丰满。像密斯椅（图3-41）一样，如果你坐在密斯椅上面，就会发现它并不舒适，因为那个时代还没有人体工程学呢。如果想挪动它，又十分的沉重，此外，椅子的边缘还会磨裤子。它的加工是靠古老的焊接，装配更是耗费时间。但这些因素并不妨碍密斯椅成为经典，今天人们坐在密斯椅上，更多的是一种象征，人们坐在了"现代设计"上。

图3-41　密斯椅

而现代的家具设计更多是"坐"在了"象征"性上，"坐"在了一种人与物的关系上，如2012年爱马仕（Hermes）家居系列，创作的不仅是一件家具、一个装饰，它蕴含着设计师们对生活的理解，拥有者对生活的态度以及一种生活方式的体现。在家具系列中，爱马仕发起了一组定制空间的概念，将居家系列概念延伸至空间规划。在定制空间中，巧用拼组模块式构造，如图3-42、图3-43所示，以实现不同空间、不同使用面积的不同需求。其中模块是以爱马仕传统的皮包缝制工艺制作中的马鞍缝法、多层次或手工折纸等收边方式处理，并采用珍稀皮革制成。运用模块间不同的色调、材质、几何图案创造出无限的可能性，给人以低调的奢华，赋予空间新的定义。爱马仕的家居定制系列则是"坐"在了生活的态度上。

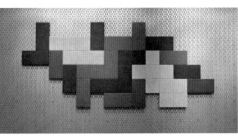

图3-42（左）爱马仕定制空间

图3-43（右）爱马仕定制空间模块

现代家居观念的改变，使得当代家居呈现出多样的造型风格，材质的运用极为丰富，创作理念更加突出，通过家具表现出来的或许是纯粹的美感、或许是诙谐有趣、或许是关怀自然，如Moore & Giles（穆尔和贾尔斯）的皮制地毯（图3-44），其灵感来源于森林的生长，树的年轮的形态与植鞣革皮条挤压在一起的形态十分相像，于是他们用此概念进行替换，制作出了这个名为"树"的皮革艺术品。在工艺上，采用了将皮革切成带状，再用热水定型的方式，以独特的编织工艺进行组合。等皮革干透定型后，将在地毯背面粘贴上防滑背垫。本色植鞣革会随着时间的推移颜色渐渐变深，Moore & Giles所制作的地毯恰恰运用了此特性，随着使用时间的增长，会出现漂亮的岁月色彩，就好像树木在生长一样。由于是纯手工制作，并且皮与皮之间的长短各不相同，所以每件作品的形状都是独一无二的。

同样灵感来源是森林，图3-45所示的年轮则是用水貂皮弯折塑造而成，同时配以天然的材质乌金木的树干，给人以大自然的气息。图3-46所示的系列名为"女人系列"，是设计师朱小杰的作品，将明代椅子的背部替换成了女人的衣服，以此体现女人阴柔细腻的美，大量夸张、变形、抽象的语言运用到设计中，使皮草服装与明代家具产生跨界融合。受现代创新思维的影响，有部分家具设计师以颠覆传统、奇异造型的表现，宣扬着搞怪的个性，如图3-47和图3-48所示，小猪与皮革座椅的融合，鳄鱼与复古老式座椅的融合，简单富有创造力的想法通过简单、独特的外形，吸引着人们的眼光。

图3-44　Moore & Giles 的作品

图3-45（左）年轮（朱小杰）

图3-46（右）《女人系列》（朱小杰）

图3-47（左）迷你猪座椅

图3-48（右）鳄鱼皮家具

四、皮革在衍生品中的运用

　　艺术衍生品是由艺术作品衍生而来的与商品结合的艺术作品，具有一定的艺术附加值。它可以包括印有艺术家代表作品的文具、生活用具、服装服饰，艺术家亲笔签名且限量发行的专供收藏和欣赏的版画，以及与艺术元素相结合的具有收藏价值的产品等。如今我们对于衍生品这个概念越来越熟悉，也有不少商家让自己的商品与艺术形式相结合，推出一种全新的形式，开拓自己的市场及名气。

1. LV 的品牌衍生品

Louis Vuitton（路易·威登）邀请英国艺术家Billie Achilleos参与产品设计，推出了"Creatures（生物）"系列，如图3-49所示，设计师将LV经典皮具系列改造成小型哺乳动物、鸟类、爬行类和甲壳类动物等，普通的LV包袋、皮带、配件仿佛都有了生命一样。

在工艺上，这些包袋和配件创作的动物们，均没有进行剪裁，尽可能地采用了原始包袋的形状与轮廓，利用弯折、缝合、拼组的手法，对皮包进行了二次改造。这些别具一格的创意艺术皮具让人们眼前一亮，使商品的形象得到了艺术升华。

图3-49 "Creatures"系列

2. 爱马仕品牌的边角废料组成的衍生品

爱马仕，则是用常规产品制作过程中产生的边角料进行创作，也是二次利用资源，不仅有创意而且非常环保。2012年爱马仕以此理念开发了一条全新的试验支线"Petit H"，如图3-50所示。"Petit H"全系列大概有2200多件单品，主打的是环保和童趣，包括各种颜色的皮质杯套、项链、卡片、配饰、玩偶，每一件都精巧可人。

在技术上，爱马仕坚持纯手工制作，继续以极致的工艺来创作完美的作品，像制作骆驼的时候，单四只玫红色袜子就花费了50小时。"Petit H"的创始人Pascale Mussard女士用爱马仕的边角料完成了自己天马行空的各种想法，充满童趣，看上去就像玩具一样，但并不幼稚。

在2013年开始，爱马仕的边角料又变成了热带小动物（图3-51）。在工艺技术上，选取废旧皮料最好的位置裁切成与羽毛相仿的三角形，顺着动物的结构进行拼组，由于动物头部是圆弧形，三角形的皮片排列在一起形成了动物毛的层次感和蓬松的感觉。设计师们抓住了变色龙的形态特征，仿照其鳞片的形状，把皮头剪成不同的形状，拼组出变色龙的身躯，尾部则是利用皮与皮的穿插弯折出尾巴的卷曲感，制作巧妙，栩栩如生。此种手法在爱马仕的橱窗中经常可以见到，图3-52是爱马仕与法国艺术家Zi&Zou协同手工艺人历时3个月完成的整套橱窗的手工制作。整个橱窗设计以自然历史博物馆为主题，分"天空之城""水底世界""丛林之境"三个章节，所有布置均取材皮革和折纸。在这个科技为王

图3-50 "Petit H"系列

图3-51 爱马仕热带动物系列

的时代，爱马仕这个忠于传统手工艺的奢侈品品牌，从未放弃向人们展示来自手工艺世界的魔法。

（1）"天空之城"

红色系的主色调，像热烈的晚霞，与橱窗内的猫头鹰、孔雀、蝴蝶等动物相互映衬，安静中透着热情（图3-53）。

（2）"水底世界"

深邃梦幻的蓝色带我们进入水底世界，从巨大的鱼龙脊骨到细微的海星、游鱼和贝壳，爱马仕在用纹理和细节诠释"奢侈"（图3-54）。

（3）"丛林之境"

丛林之境选用了爱马仕专属的橙色调，而曾出现在巴萨罗那门店的小狐狸，成了这一章节的主角（图3-55）。

图3-52　爱马仕与法国艺术家Zi&Zou的自然历史博物馆主题作品

图3-53　"天空之城"

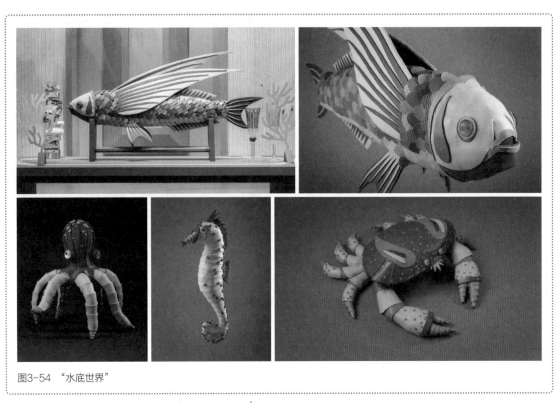

图3-54 "水底世界"

图3-55 "丛林之境"

第四节　优秀学生作品点评

1. "审美异化"装饰面具

此皮艺作品采用的形式为浮雕造型的装饰壁画形式，分割状的人物造型是设计者探讨社会现状的一种形式转化——网红脸，随着社会的发展越来越多的人开始整形，从开始的双眼皮到后来的整个脸部整形，像换了一张脸一样，金璐菲恰好运用了牛皮与人皮在物理组织上的相似性的特点，结合立体主义的分割重组思维，将女性的脸进行抽象化的处理。同时运用植鞣革的可塑性，将网红脸手术的概念准确地表达出来。该作品获2018ETFashionGDA for Accessories（全球时装设计大赛）——配饰组银奖，入围ART OF FASHION FOUNDATION COMPETITION-AOF（美国AOF国际时尚艺术基金设计大赛）配饰类（图3-56、图3-57）。

2."深夜"食堂皮艺装置品

本作品以家具摆件为视觉风格定位，根据恐怖小说《午夜凶铃》中的贞子形象、日本神话中有着两条尾

图3-56 "审美异化"设计思路（部分）（作者：金璐菲/指导：王淼、张远）

图3-57 "审美异化"装饰面具（作者：金璐菲/指导：王淼、张远）

巴的猫又形象、年轻的伐木工遭遇能用吐出的白色气息杀人的雪女形象、一个双目失明的说唱艺人芳一的形象，每一个形象都代表着一个故事。如一个双目失明的说唱艺人，名叫芳一，芳一和同伴住在寺庙里，他每天夜里被幽灵带出去，在平氏家族的墓前演唱着，庙里的主持让人给芳一全身写上了经文，但是由于疏忽，耳朵上的经文被擦掉了，到了夜晚，幽灵又来找芳一，但他看不见芳一的身躯，只见到有两只耳朵，便把芳一的耳朵撕下带走了。根据这些故事，作者想要营造一种暗黑与艳丽碰撞的写实风格，皮革与人皮皮性相通，同时原色植鞣革雕刻、染色的特性可使形象的塑造更加逼真，滴胶、声音感应灯的添加，给这组作品又增加了一抹恐怖感，当人走过发出响声的时候，由羊毛模拟出的蓝紫色鬼火就会自主的点亮起来。艺术、观念、科技的协调统一，在这组作品中擦出了火花（图3-58、图3-59）。

3. "The Guardians Paris" 皮具

作品的故事来源于Marinette与Adrien是受选拯救巴黎对抗城市里黑暗阴谋的两个高中生。他们的主要任务就是要追捕Akumas，一个将正常人转变为异能罪犯的生物。Marinette能够变身为Ladybug（瓢虫女爵）；而Adrien则能变身为Cat Noir（黑猫诺尔）。提取相关元素二次设计箱包后，利用插画形式为箱包本身赋予故事性，选择黑色漆皮为设计的材质，体现猫爪的力量感，结合设计的整体概念，完整地表达关键词

图3-58 "深夜"食堂草图和过程图（部分）（作者：虞亚男/指导：王淼、祁子芮）

图3-59 "深夜"食堂皮艺装置品（作者：虞亚男/指导：王淼、祁子芮）

"黑猫"这个概念。整个制作过程中难点为猫爪的漆皮塑形，由于漆皮质地较硬，不易塑形，在这里选用了缠绕的方式解决了此问题（图3-60、图3-61）。

4. "默契－童年臆想"八音盒皮艺品

作品整体从品类选择、色调选择、造型形式、样貌都给人一种童年童趣的感觉，十分可爱。整个系列的皮艺品从童年的筹集物入手展开思维发散，发现我们小时候都会或多或少的有一些收集的癖好，如收集书签、橡皮、糖纸、胸针等，在这众多体现我们童年色彩的物品中，设计者选择了果实、石头、糖纸，童年时

图3-60 "The Guardians Paris"皮具（作者：杨靖琪/指导：王淼、祁子芮）

图3-61 "The Guardians Paris"设计思路（部分）（作者：杨靖琪/指导：王淼、祁子芮）

的自己作为形式参考元素，选取八音盒、胸针这种既有小女生情怀又让人有一种回忆感觉的物件为造型参考，使人们在观赏、玩味的过程中，产生共鸣，开起童年的记忆（图3-62、图3-63）。

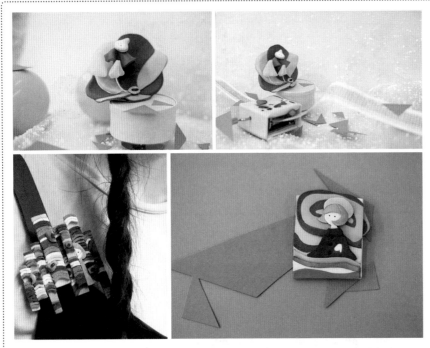

图3-62 "默契-童年臆想"八音盒皮艺品、饰品（作者：秦畅/指导：王森、祁子芮）

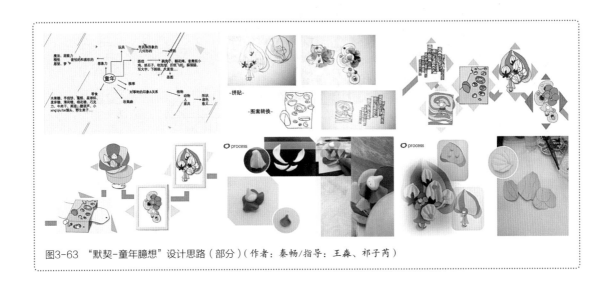

图3-63 "默契-童年臆想"设计思路（部分）（作者：秦畅/指导：王森、祁子芮）

5. "hello" 皮艺装置品

此皮艺装置品整体风格来源于作者对朋克文化的喜爱，机械、复古、装饰、潜水面罩等，都成为作者追溯的灵感来源，在工艺制作上，根据柱体结构，巧妙地将植鞣革进行打散重组，造型出半弧状的顶部，运用本色植鞣革可染色的特性，分步骤少量多次的渲染出仿旧复古的效果，给人带来一种复古嬉皮的感觉（图3-64、图3-65）。

图3-64 "Hello"设计思路（部分）（作者：杨婵媛/指导：王淼、张远）

图3-65 "Hello"皮艺装置品（作者：杨婵媛/指导：王淼、张远）

6. "你好，春天"皮艺手饰

整套作品以春天为造型、色调、形式、纹样的灵感来源，将皮艺与钩织、珠绣相结合，跨界展示出皮革材料的另一个角度的样貌，其中以旋转刻刀及印花工具在植鞣革上刻划、敲击、推拉、挤压，刻画出花草图案，利用钩织工艺用线钩织出花卉纹样，表现春天的主题，在塑好形的植鞣革上绣珠，将皮革的雕花塑形与珠绣结合，共同打造一副春意盎然的"景象"（图3-66、图3-67）。

7. "凰"皮艺手饰

这件皮艺首饰品的设计来源于少数民族苗族的银饰及其纹样，将苗族重要的颈饰通过手工皮艺的方式重

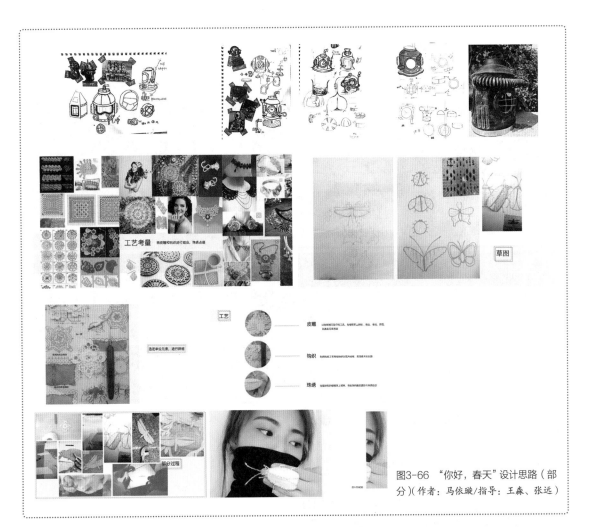

图3-66 "你好，春天"设计思路（部分）（作者：马依璇/指导：王淼、张远）

图3-67 "你好，春天"皮艺首饰（作者：马依璇/指导：王淼、张远）

新运用技艺设计实践，在样貌和技艺中展开新的探索，制作出半立体的效果，整套设计给人以复古华丽的雍容感，作者在拍摄时配以古代妆容，营造出盛世之感（图3-68、图3-69）。

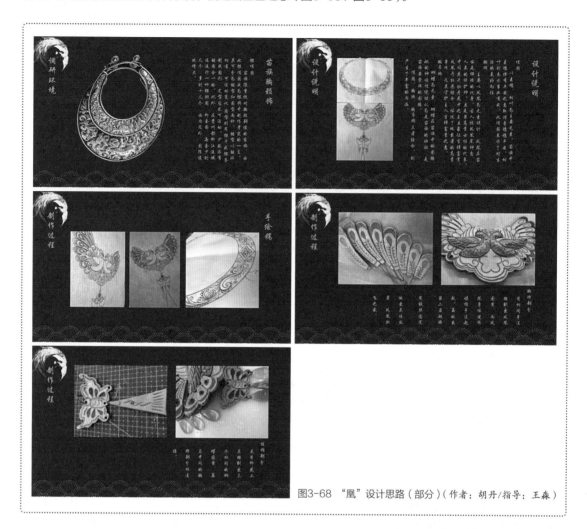

图3-68 "凰"设计思路（部分）（作者：胡丹/指导：王森）

图3-69 "凰"皮艺首饰设计（作者：胡丹/指导：王森）

8. "舌尖上的中国"皮艺

"舌尖上的中国"是一个非常庞大的主题训练，意在将皮革作为一种表达的媒介和手段，对皮革材料的运用、对不同种类皮质的表现方式、皮革与各领域产品的结合、新旧工艺的创新进行一系列的探索，水婧瑶等人能够根据所找到的菜式，分析其结构特点，探索其工艺创新，将传统雕刻、染色、塑形、缝制等工艺活学活用在新的形势与形象中，创新出属于自己的新的技艺，实属不易，整套菜系在展览中获得了无数的惊叹（图3-70、图3-71）。

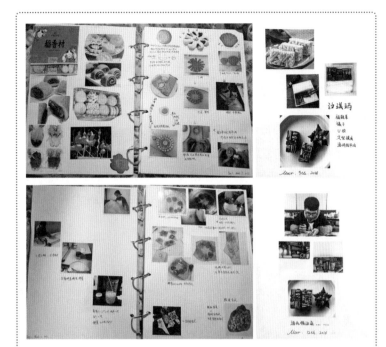

图3-70 "舌尖上的中国"皮艺探索（作者：水婧瑶、刘芯、彭望望、杨莹、秦镜璇/指导：王森）

图3-71 "舌尖上的中国"设计思路（部分）（作者：水婧瑶、彭望望/指导：王森）

9. "恐怖谷 Uncanny Valley" 皮艺概念包

作者结合自己对恐惧感的思考，对Ernst Jentsch和森政弘提出的这一理论进行深入调研，以恐怖心理学为主要方向进行研究。设计师希望从美学的角度，通过社会文化、心理学等方面以产品阐述恐怖元素在时尚配饰中的应用。

通过查阅大量恐怖心理学的文献，作者认为一切恐怖源于未知，并不是血腥暴力才会造成感官上的恐惧，正是因为看不清楚又捉摸不透才最为恐怖，即熟悉的事物也可能会造成深藏内心的恐怖谷效应。

"恐怖谷"这一项目通过研究造成恐惧心理的原因，进而表达恐惧本身对人们产生的影响，以这种创作来唤起人们对自身的关注与沉思，也许会给受众带来某种程度焦灼不安的体验，进而让他们发现了自身的价值与美的意义（图3-72、图3-73）。

图3-72 "恐怖谷Uncanny Valley" 设计思路（部分）
（作者：彭望望/指导：王耀华）

图3-73 "恐怖谷Uncanny Valley"皮艺概念包设计（作者：彭望望/指导：王耀华）

10. 皮艺概念灯

本作品设计理念来源于日本侘寂的美学观念，其中"侘"的意思是圆满、华丽的反义，即残缺的、破败的；而"寂"则有两种意思，其一是"老旧的""陈破的"，其二是"安静的"，而侘寂美学的概念最早则来源于俳句，将这两层含义结合，便是传达一种在老旧的外表下散发出岁月沉淀感的美的状态，即"朴素但安静""颓圮却有感怀"之感。这种源于东方含蓄文化的独特美学观点给了作者灵感，也使得作者在设计作品时并未使用过多繁杂华丽的技法，而是突出传递这种偏向于意境层面的感受。与此同时，这种观感与皮革材料的契合度也很高，皮革材料是一种经久耐用且蕴含着丰厚温度的材料，而皮革艺术则是充斥着工匠精神和感怀发散的艺术形式。

此外，结合本作品所拟定的受众人群和观念来源，提取了"宝瓶洞门"这一我国园林建筑中十分常见的传统设计形式，并结合我国园林建筑中廊窗的外形设计，借宝瓶洞门中所蕴含的"圆满平安""福禄齐至"的谐音意和洞门在建筑中起到空间连接的视觉感受，将廊窗本身采光的功能与在室内眺望室外的所带来的向往感相结合，如图3-74、图3-75所示。

图3-74　皮艺概念灯设计思路和制作过程（作者：张政奥/指导：王淼）

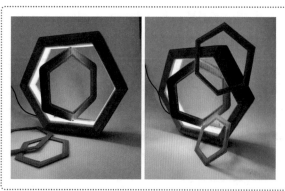

图3-75　皮艺概念灯（作者：张政奥/指导：王淼）

参考文献

[1] 吕清夫. 为人生而艺术——细说工艺台湾工艺展——从传统到创新[M]. 台中市: 省立美术馆编辑, 伟功印刷, 1991.

[2] 阿木尔吉日嘎啦, 萨木尔道尔吉. 游牧生活轨迹[M]. 北京: 民族出版社, 2010.

[3] 阿木尔巴图. 蒙古族工艺美术史[M]. 呼和浩特: 内蒙古科学技术出版, 2008.

[4] 额尔敦傲其尔. 蒙古族传统皮质用品文化[M]. 呼和浩特: 内蒙古人民出版社, 2004.

[5] 突克齐·孟和那顺. 中国蒙古族游牧文化摄影大全[M]. 呼和浩特: 内蒙古人民出版社, 2009.

[6] 张敏杰, 盛琦译. 渔家天锦: 赫哲族鱼皮文化研究[M]. 哈尔滨: 黑龙江美术出版社, 2008.

[7] 张敏杰, 王益章. 渔家绝技: 赫哲族鱼皮制作技艺[M]. 哈尔滨: 黑龙江人民出版社, 2008.

[8] 孙玉民, 孙俊梅. 中国赫哲族[M]. 银川: 宁夏人民出版社, 2012.

[9] (日) 高桥矩彦. 皮革工艺 [M]. 李信伶, 译. 新北市: 枫书坊文化, 2012.

[10] (日) 高桥矩彦. 皮革教室 (Vol.2) [M]. 赖惠铃, 译. 新北市: 枫书坊文化, 2012.

[11] 金浩, 熊丹柳. 皮革工艺与应用[M]. 上海: 华东理工大学出版社, 2009.

[12] 邬烈炎. 现代手工艺丛书[M]. 南京: 江苏美术出版社, 2002.

[13] 张丽平, 李桂菊. 皮革加工技术[M]. 北京: 中国纺织出版社, 2006.

[14] 袁杰英. 中国历代服饰史[M]. 北京: 高等教育出版社, 2006.

[15] 杜少勋, 万蓬勃. 皮革制品造型设计[M]. 北京: 中国轻工业出版社, 2011.

[16] [英] 安娜斯塔尼亚·杨. 首饰材料应用宝典[M]. 张正国, 倪世一, 译. 上海: 上海人民出版社, 2012.

[17] 柳冠中. 设计方法论[M]. 北京. 高等教育出版社, 2011: 2-255.

[18] (日) 高桥矩彦. 皮革教室 (Vol.4). [M]. 赖慧玲, 译. 新北市: 枫叶文化, 2011.

[19] (日) 高桥矩彦. 皮革工艺 (Vol.4). 随身皮件篇[M]. 张铎, 译. 板桥市: 枫书坊文化, 2010.

[20] (日) 高桥矩彦. 皮革工艺 (Vol.3). 骑士用品篇[M]. 陆蕙贻, 译. 板桥市: 枫书坊文化, 2009.

[21] (日) 高桥矩彦. 皮革工艺 (Vol.8). 特制&改造技术篇[M]. 李信伶, 译. 板桥市: 枫书坊文化, 2011.

[22] (日) 高桥矩彦. 皮革工艺 (Vol.12). 手缝凉鞋&便鞋[M]. 李信伶, 译. 板桥市: 枫书坊文化, 2011.

[23] (日) 高桥矩彦. 皮革工艺 (Vo1.4). 基础技法篇3[M]. 李信伶, 译. 板桥市: 枫书坊文化, 2012.

[24] 丁邵兰. 革制品材料学[M]. 北京: 中国轻工业出版社, 2001.

[25] 山丹. 蒙古皮革造型艺术研究[D]. 内蒙古大学, 2010.

[26] 袁晶. 赫哲族鱼皮制作工艺的传承与发展[D]. 齐齐哈尔大学, 2012.

[27] 刘海燕. 雕刻与敲打下的重生[D]. 西安美术学院, 2011.

[28] 吴干华. 皮艺风格塑造之研究[D]. 台湾师范大学设计研究所, 1991.

[29] 赵庆. 现代手工皮雕艺术研究[D]. 西南交通大学, 2013.

[30] 王秋云. 首饰材料的创新组合[D]. 中国地质大学，2012.

[31] 崔月阳. 中国传统元素在皮雕艺术中的探究[D]. 沈阳大学，2013.

[32] 王立新. 基于社会文化意识改变的服饰图案设计表现[J]. 中国皮革，2010. 2（39）.

[33] 曹莉. 八尾绿皮革造型艺术作品[J]. 装饰，2006（12）：070-073.

[34] 叶发原，文丽君. 叶发原：做有生命的皮塑 [J]. 中华手工，2012（06）：064-067.

[35] 隗芳玲，鲁翠强. 皮雕在服装设计中的应用研究[J]. 皮革与化工，2011，28（3）.

[36] 谢凯. 玩皮新主张[J]. 中华手工，2014：092-093.

后 记

本书在皮革艺术形式介绍的章节中，试图将皮革材料的设计与艺术分开讲述，也正因设计作品与艺术作品的创作根本目的不同，使得不同门类的皮革艺术作品都具备着一定的独特性。设计作品主要着重于产品的实用性与功能性和对于某种氛围的契合性或对于品牌价值内涵的表现性，以用户的体验为最优先级，辅以设计师的审美要素和不与用户需求产生冲突的观念表达。艺术作品则主要体现艺术家个人观念或个人情感的输出，每个艺术作品在创作伊始都有着"隐含的读者"概念贯穿，所以艺术家在创作艺术作品之时并不会盲目地根据他人所需对作品进行调整或改变，仅以自身观念发散进行创作，作品的受众则早已纳入了创作时的考量范畴。虽然当今时代下的设计与艺术分野逐渐模糊化且相互渗透，但两个门类的主要目的的不同就决定了两者之间的差别，在以皮革材料为媒介进行创作时，创作的根本目的清晰明确，才可以创作出良好的作品。

与此同时，本书尽量详尽的对于皮革艺术技法进行了介绍和指导，同时也尽量客观地阐释了设计作品与艺术作品的根本性差别，这其中并无高下优劣之分，只有个人选择的差异。但不论如何，技法永远是为创作目的服务，仅以技法的优劣、作品的精美繁复而论，本书中大部分的优秀案例甚至都难与历史中流传于世的皮艺作品相比，但之所以选择这些案例作品，是因为其在工艺技法和创作目的两方面都达到了一定的水准与高度，设计作品的功能性与审美性统一、艺术作品的观念性与传达性契合，才是选取这些案例的最重要条件。

本书的编写得到了众多专家的帮助，有北京服装学院服饰艺术与工程学院副院长李雪梅教授多方面的支持，中国轻工业出版社李建华编辑提出的宝贵意见，艺术家林强老师多方面的启发与支持，马远先生对整书语言逻辑上的建议与支持，北京服装学院硕士生导师于百计教授的帮助与支持，北京服装学院贾永春老师多方面的帮助与支持，Zuny品牌（中国台湾葛洛伯时有限公司）与佛山市艺点文化传播有限公司对本书案例的支持，北京皮工坊商贸有限责任公司和日本皮雕大师藤田一贵提供的宝贵资料，迷虫皮艺工作室提供的案例，台湾酷猫李荣宗老师对于本书案例的提供与支持，张远老师对于本书案例的技术支持，李佳远先生对本书的帮助与支持，还有北京服装学院服饰艺术与工程学院2016130307班李鑫阳、徐铭阳、刘嘉颖、关凯恩同学协助对案例的整理，2015130307班杨婷婷、谌美娣、2014130307班彭望望、马伊璇、张政奥协助对案例的完善，以及所有提供作品的同学们，她们充满创意的皮革艺术作品丰富了书稿的内容，也使得全书更有参考价值。最后还要感谢参考文献及皮艺图片网站的作者们，他们最新的研究和独特的皮艺作品极大的充实了本书的内容，并提升了本书的价值。最后要特别感谢北京服装学院和皮克（皮艺）工作室，是它们给予了我坚持梦想的土壤与信心，并一直支持我对皮艺的追求与研究，也希望我能一直坚持下去，给大家带来更多更好的皮艺作品和书籍。当然，此书在编写中还有不尽如人意的地方，也恳请专家们批评指正。

同时，愿读到此书的你，做出自己内心的选择，不要做困于技法中的盲从者，而是要将技法视作与手中铅笔、刻刀一般的工具，创作出真正属于自己的作品。

北京服装学院 王淼

2019年4月

个人简历

王淼

北京服装学院教师。

皮克（皮艺）工作室创始人，皮革艺术壁画创始人，新皮艺艺术发起人，多年来一直从事皮革艺术品的创作及研究。其代表皮艺作品有《升腾的爱》《私语花香》《祈祷》等。

皮艺作品《升腾的爱》获第十二届全国美展优秀奖，于中国美术馆展出，同年入选全国第三届壁画大展。

个人皮艺作品参加的展览有：

2018年，"盘云"系列艺术家与食草堂合作款，中国国际时装周走秀发布

2018年，"在路上——新皮艺艺术展2.0"，北京

2016年，"在路上——新皮艺艺术展"，北京，国际设计周

2015年，"继绝向壁——壁画艺术求索展"北京，中国美术馆

2015年，"继绝向壁——壁画艺术求索展巡展"河北，沧州博物馆

2015年，"第十八届北京艺术博览会"，北京，北京展览馆

2014年，"第十二届全国美展"，北京，中国美术馆，优秀作品奖

2014年，"全国第三届壁画大展"

2012年，"国际首届壁画双年展"

2009年，"北京服装学院建校50周年优秀作品展"，北京

教学经历：任职于北京服装学院服饰艺术与工程学院，鞋品箱包专业方向、手工艺创新中心。主要任教科目"皮革材料与手工艺""手工皮艺设计""设计思维与方法""产品工艺与创新思维——玩"皮""等。"手工皮艺设计"课程获2018年北京服装学院"青年教师基本功大赛"二等奖，"皮革材料与手工艺"课程获2016年北京服装学院"青年教师基本功大赛"三等奖，2017—2018年度北京服装学院"教书育人"三等奖。